高职高专电子信息类系列教材

Office 2010 办公应用案例教程

主　编　任光欣　周月芝　曹会云

副主编　赵洪涛　吴　丽　商蕾杰　徐艳宏　杨　硕

　　　　李　娜　赵娟娟　李亚敏　李淑芳

主　审　顾爱华　辛惠娟

西安电子科技大学出版社

内 容 简 介

本书从实际工作出发，以实践导学为主线来组织教学内容，以"教、学、做"为一体的教学方式，介绍了办公自动化软件 Microsoft Office 2010 软件在办公中的高级应用。全书包括 8 个单元，主要内容包括：Word 2010 文字处理软件的基本知识和邮件合并、长文档排版等高级操作；Excel 2010 电子表格处理软件的基本知识、公式函数的使用、图表和动态图表的制作、数据透视表(图)的制作以及高级筛选等操作；PowerPoint 2010 演示文稿软件的基本知识和应用。每个单元设计若干个任务，其中每个任务包括：任务描述、作品展示、任务要点、任务实施和重点提示。

本书提供导学实验文件和素材，便于教师的教学和学生的自学。

本书既可作为普通高校、职业院校等各专业计算机基础课程的教材，也可作为各种培训的计算机教材，还可作为各类人员的自学提高用书。

图书在版编目(CIP)数据

Office 2010 办公应用案例教程/任光欣，周月芝，曹会云主编.
—西安：西安电子科技大学出版社，2019.3(2022.1 重印)
ISBN 978-7-5606-5277-1

Ⅰ.①O… Ⅱ.①任… ②周… ③曹… Ⅲ.①办公自动化—应用软件—教材
Ⅳ.①TP317.1

中国版本图书馆 CIP 数据核字(2019)第 036109 号

策　　划　刘玉芳　杨航斌
责任编辑　梁　萌　阎　彬
出版发行　西安电子科技大学出版社(西安市太白南路 2 号)
电　　话　(029)88242885　88201467　　　邮　　编　710071
网　　址　www.xduph.com　　　　　　　电子邮箱　xdupfxb001@163.com
经　　销　新华书店
印刷单位　咸阳华盛印务有限责任公司
版　　次　2019 年 3 月第 1 版　　2022 年 1 月第 4 次印刷
开　　本　787 毫米×1092 毫米　1/16　印　张　13.5
字　　数　316 千字
印　　数　5801～6800 册
定　　价　34.00 元
ISBN 978-7-5606-5277-1/TP
XDUP　5579001-4
如有印装问题可调换

前　言

本书是 Microsoft Office2010 常用软件入门基础上的深入综合实训，通过模拟真实的工作环境，让学生轻松应对长文档排版等文档高级处理操作、嵌套函数和动态图表操作以及项目现场演示等工作挑战，从而提高职业能力和办公效率。

本书由具有多年 Microsoft Office 一线培训经验的教师精心编写，通过行业和企业的工作岗位调研，以公司为例，从实际工作出发，围绕多个岗位的日常办公需要，设计了 8 个单元，共 30 个具体工作任务和 10 个拓展任务。本书每个单元都采用了精心挑选和设计的多个案例，注重理论和实际相结合，讲解深入浅出，力求让学生将日常办公应用技巧融会贯通。其中，8 个单元主要包括：单元 1 公司长文档编排，单元 2 批量处理公司信息，单元 3 求职简历文档设计制作，单元 4 公司员工工资管理，单元 5 企业日常财务管理，单元 6 公司出入库数据管理，单元 7 公司销售数据管理，单元 8 公司宣传片制作。每个单元的若干任务中包括任务描述、作品展示、任务要点、任务实施、重点提示等内容，提高学生的学习效率，让他们实现"学中做，做中学"。

为方便教师辅导，学生练习，本书中的每个任务都配备了素材、源文件和最终文件等丰富的教学资源，同时，将每个任务的完成效果图以二维码的形式放在文中相应的位置，供教师和学生扫描并参考使用。

本书单元 1 由商蕾杰编写；单元 2 任务 1～2 由吴丽编写，拓展任务由曹会云编写；单元 3 由曹会云编写，单元 4 任务 1～4 由吴丽编写，任务 5～8 由周月芝编写；单元 5 和单元 6 由任光欣编写；单元 7 任务 1～4 由周月芝编写，拓展任务 1～2 由徐艳宏编写，拓展任务 3～4 由赵洪涛编写；单元 8 由赵洪涛编写。另外，杨硕、李娜、赵娟娟、李亚敏、李淑芳也参与了本书的编写工作。全书由顾爱华、辛惠娟两位老师主审。

由于时间仓促，编者水平有限，书中疏漏或不当之处敬请批评指正。

编　者

2019 年 2 月

目　录

单元 1　公司长文档编排

　　Word 的长文档编排功能包括使用样式快速统一文档格式、利用导航窗格查看文档结构、在文档中插入分页符和分节符、为文档插入页眉和页脚、为文档提取目录等。

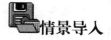 **情景导入**

　　小王是某汽车公司的办公室行政人员，为了给公司做宣传，小王准备撰写一份公司简介文档，由于内容多、篇幅长，为了使格式统一，小王准备利用 Word 的长文档排版功能进行格式排版。

 **学习要点**

> ➢　能说出样式的概念，并能正确利用样式快速设置文档格式。
> ➢　能够正确地为文档中的图片添加图注并建立交叉引用。
> ➢　能够利用导航窗格查看文档结构。
> ➢　能够正确地在文档中插入分页符(或分节符)以及页眉、页脚。
> ➢　能够正确地为文档提取目录。
> ➢　能够正确地为文档添加、删除批注。
> ➢　能够正确地对文档进行修订并接受修订。

任务 1　公司简介文档封面制作

 **任务描述**

　　为了使公司简介文档更加完整、美观，小王决定先设计一张封面。

作品展示

　　公司简介封面如图 1-1 所示。

公司简介封面

图 1-1　公司简介封面

任务要点

➢ 能够正确地在文档中插入形状、图片或文本框，并设置其格式。
➢ 能够正确地设置各个对象间的对齐方式并进行组合。

任务实施

1. 新建文档并保存

启动 Word 2010 应用程序，新建一个空白文档，并将其以"公司简介封面"为名保存。

2. 页面设置

设置纸张大小为 A4，纸张方向为纵向，上、下页边距为 2.5 厘米，左、右页边距为 2.8 厘米。

3. 插入三个矩形

步骤 1：插入第一个矩形，高度为 29.7 厘米，宽度为 0.37 厘米；无轮廓，填充颜色为纯色填充，白色，背景 1，深色 15%，透明度 55%；位置为水平方向距离页面右侧 1.08 厘米，垂直方向距离页面下侧 0 厘米。

步骤 2：复制、粘贴第一个矩形，调整其格式，宽度为 3.25 厘米；位置为水平方向距离页面右侧 1.88 厘米，垂直方向距离页面下侧 0 厘米。

步骤 3：复制、粘贴第一个矩形，调整其位置为水平方向距离页面右侧 5.58 厘米，垂直方向距离页面下侧 0 厘米。

4. 插入中部图片及图片下方的矩形

步骤 1：插入素材文件夹中的"封面"图片。

步骤 2：将图片的环绕方式设置为"四周型环绕"。

步骤 3：设置图片的大小和位置为取消"锁定纵横比"，高度为 6.13 厘米，宽度为 21 厘米；水平方向距离页面右侧 0 厘米，垂直方向距离页面下侧 11.3 厘米。

步骤 4：将"封面"图片"置于底层"。

步骤 5：复制、粘贴上述三个矩形中的任意一个，并调整其大小和位置，高度为 0.37 厘米，宽度为 21 厘米；位置为水平方向距离页面右侧 0 厘米，垂直方向距离页面下侧 17.5 厘米。

5. 插入公司图标及文本

步骤 1：插入素材文件夹中的"公司 logo"图片。

步骤 2：将图片的环绕方式设置为"四周型环绕"。

步骤 3：设置图片背景为透明色，方法为选中图片，选择"图片工具格式 → 调整 → 颜色"列表中的"设置透明色"项，然后在图片上的白色背景部分单击鼠标左键，即可将图片的背景设置为透明色。

步骤 4：调整图片的大小为锁定纵横比，缩小为原始尺寸的 70%，位置如图 1-1 所示的大概位置。

步骤 5：插入文本框，并输入文本内容为"长城汽车股份有限公司"。

步骤 6：设置文本框的格式，大小为高 1.25 厘米、宽 6.8 厘米；文本框内部边距全部为 0；无填充色、无轮廓。

步骤 7：设置文本的格式，黑体、小三；字符间距加宽 1.2 磅；水平右对齐、垂直中部对齐。

步骤 8：调整公司 logo 图片和文本框的相对位置，并设置二者垂直方向上下居中。

步骤 9：将公司 logo 图片和文本框组合，并参照图 1-1 调整组合对象的位置。

6. 插入三角形及文本

步骤 1：插入一个三角形，并设置格式，大小为高 0.6 厘米、宽 0.5 厘米；向右旋转 90 度；无轮廓，填充色为标准色：深红。

步骤 2：复制、粘贴四个三角形，分别调整大小，锁定纵横比，依次调整为 80%、60%、50%、30%。

步骤 3：鼠标拖动五个三角形的位置，横向依次排开；按住 Shift 键的同时选中五个三角形，利用"对齐"列表，设置对齐方式为上下居中、横向分布。

步骤 4：组合五个三角形。

步骤 5：在三角形后面插入文本框，输入的文本内容为"诚信 责任 发展 共享"。

步骤 6：设置文本框的大小为高 1.25 厘米、宽 6.35 厘米；文本框内部边距全部为 0；无填充色、无轮廓。

步骤 7：设置文本的格式为黑体、小三；水平右对齐、垂直中部对齐。

步骤 8：参照调整三角形和文本框的间距，并设置二者垂直方向上下居中，然后组合。

步骤 9：将组合后的三角形和文本框与上一步骤制作的公司图标及文本对象右对齐。

步骤 10：利用键盘上的方向键，调整三角形及文本对象的垂直位置至美观，如图 1-1 所示。

7. 打印预览，修改并保存文件

步骤 1：点击"文件"→"打印"，预览封面打印效果。合理调整各部分的大小、位置等。

步骤 2：保存文件。

任务 2　公司简介长文档编排

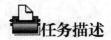**任务描述**

　　小王完成了公司简介文档的撰写，为了让大家对文档的内容一目了然，他打算制作出文档目录，于是小王决定利用样式、插入分节符和插入页码等方法来编排该文档，这样，可以自动生成目录，既高效又方便修改。编排"公司简介"效果图如图 1-2 所示。

公司简介长文档

**作品展示**

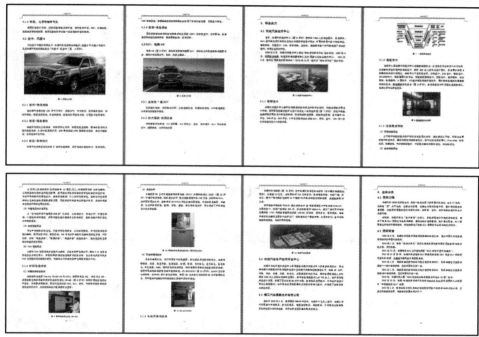

图 1-2　编排"公司简介"效果图

任务要点

➤ 能够利用样式快速设置文档格式。

➤ 能为文档中的图片添加图注并建立交叉引用。

➤ 能利用导航窗格查看文档结构。

➤ 能够正确地在文档中插入分页符(或分节符)以及页眉、页脚。

➤ 能够正确地为文档自动提取目录。

任务实施

1. 打开文档并另存

打开素材文件夹中的"长城汽车公司简介(文本).docx"文档,将其另存为"长城汽车公司简介.docx"。

2. 页面设置

设置文档的纸张大小为 A4,上、下页边距为 2.5 厘米,左、右页边距均为 2.8 厘米,"方向"为"纵向",页眉、页脚距边界分别为 2 厘米、1.8 厘米。

3. 设置标题格式

设置"长城汽车公司简介"格式:黑体、二号;居中,段前和段后距为 0.5 行。

4. 应用系统内置样式设置文档格式

在编排一篇长文档或一本书时,需要对许多文字和段落进行相同的排版工作,如果只是利用字体格式和段落格式编排功能,不但很费时间,让人厌烦,更重要的是,很难使文档格式一直保持一致。这时，就需要使用样式来实现这些功能。样式是应用于文档中的文本、表格和列表的一套格式特征，它是指一组已经命名的字符和段落格式，它规定了文档中标题、题注以及正文等各个文本元素的格式，用户可以将一种样式应用于某个段落或者段落中选定的字符上。使用样式能减少许多重复的操作，在短时间内排出高质量的文档。例如，用户要一次改变使用某个样式的所有文字的格式时，只需修改该样式即可。

步骤 1： 文档中带有"1.～6."的段落应用"标题 1"样式。

(1) 将光标定位到标题段落"1. 企业概况"中，然后单击"开始"选项卡"样式"功能项组中的"标题 1"项，如图 1-3 所示。

图 1-3 应用"标题 1"样式

(2) 用同样的方法对文档中带有编号"2.～6."的段落应用"标题 1"样式。

步骤 2： 修改"标题 1"样式。

(1) 单击"样式"功能组右下角的对话框启动器按钮 ，打开"样式"任务窗格，如图 1-4 所示，右键单击要修改的样式名"标题 1"，在弹出的快捷菜单中选择"修改"命令，打开"修改样式"对话框，如图 1-5 所示。

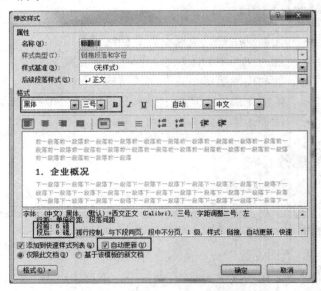

图 1-4 "样式"任务窗格　　　　图 1-5 "修改样式"对话框

(2) "样式基准"选择"无样式"。

(3) 分别在"格式"设置区的"字体"和"字号"下拉列表中选择"黑体"和"三号"，去掉"加粗"按钮。

(4) 单击"修改样式"对话框左下角的"格式"按钮，在展开的列表中选择"段落"命令，打开"段落"对话框，设置段前距 6 磅、段后距 6 磅、单倍行距，再单击"确定"

按钮。

(5) 在"修改样式"对话框中，选中"自动更新"复选框(选中"自动更新"，以后应用该样式的段落会自动更新样式)。

(6) 单击"确定"按钮，所有应用"标题1"样式的段落都自动更新为新样式。

步骤3： 文档中带有"2.1～6.2"的段落应用"标题2"样式，方法参照步骤1。

步骤4： 修改"标题2"样式，"样式基准"选择"无样式"，黑体、小三、去掉"加粗"；段前距6磅，段后距6磅，单倍行距，自动更新。

5. 应用自定义样式设置文档格式

步骤1： 自定义样式—新标题3，应用于"3.2.1～5.1.5"的段落。

(1) 将光标定位于文档中带"3.2.1"字样的段落，然后单击"样式"功能组右下角的对话框启动器按钮 ，打开"样式"任务窗格。

(2) 单击窗格左下角的"新建样式"按钮，如图1-6所示，打开"根据格式设置创建新样式"对话框，如图1-7所示。在"名称"编辑框中输入新样式名称，如"新标题3"；在"样式类型"下拉列表中选择样式类型，如"段落"；在"样式基准"下拉列表中选择一个作为创建基准的样式，表示新样式中未定义的段落格式与字符格式均与其相同，这里我们选择"无样式"；在"后续段落样式"下拉列表框中设置应用该样式的段落后面新建段落的缺省样式，这里选择"正文"。

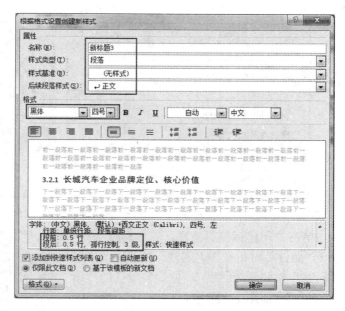

图1-6 "新建样式"按钮　　　　图1-7 "根据格式设置创建新样式"对话框

(3) 在"格式"设置区内设置样式的字符格式，黑体、四号。

(4) 单击对话框左下角的"格式"按钮，在展开的列表中选择"段落"命令，打开段落对话框，设置"大纲级别"为3级，设置段前距0.5行，段后距0.5行，行距为单倍行距。

(5) 单击两次"确定"按钮。此时，在"样式"组中和"样式"任务窗格都将显示新创建的样式"新标题3"。

(6) 光标分别定位于带有"3.2.2～5.1.5"等字样的段落标题,单击"样式"组中或"样式"任务窗格中新创建的样式"新标题 3",应用该样式。

步骤 2: 自定义样式—新标题 4,应用于"(1)"类型的段落。

参照自定义"新标题 3"的方法,自定义"新标题 4"样式,"样式类型"为"段落","样式基准"选择"无样式","后续段落样式"选择"正文",黑体、小四号、大纲级别 4级、1.5 倍行距,并应用于带有"(1)"、"(2)"等字样的段落标题。

步骤 3: 自定义图片样式,并将其应用于文档中的图片;为文档中的图片添加图片题注,并应用图片题注样式;为图片建立交叉引用。

(1) 自定义图片样式,应用于文档中的图片。

参照自定义"新标题 3"的方法,自定义"图片样式","样式基准"选择"无样式","后续段落样式"选择"正文",居中、无缩进、段前距为 6 磅,单倍行距,并应用于文档中的所有图片。

(2) 添加图片题注。

图片在文档的顺序与素材中图片的名称编号是一致的,图片的题注为该图片的文件名称。以第一张和第二张图片添加图注为例,方法如下:

• 选中第一张图片。

• 单击"引用"选项卡"题注"选项组中的"插入题注"命令,打开"题注"对话框,如图 1-8 所示。

图 1-8 "题注"对话框的新建"图"标签

• 单击"新建标签"按钮,在"标签"栏中输入"图",单击"确定"按钮。

• "题注"对话框中"题注"栏显示为"图1","标签"栏显示为"图",位置为默认的"所选项目下方",如图 1-9 所示。

• 打开图片素材,找到"图 1"编号的图片,把该图片的名称"长城图标"输入到"题注"栏"图 1"文本的后面。

• 单击"确定"按钮,可看到图片下方添加了一个图注行,如图 1-10 所示。

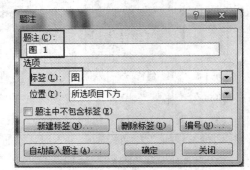

图 1-9 "题注"对话框

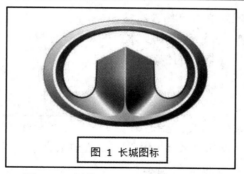

图 1 长城图标

图 1-10 图片下方添加图注行效果图

- 选中第二张图片。
- 打开"题注"对话框,"题注"栏自动显示为"图 2",把图 2 的名称"哈弗图标"输入到"图 2"文本后面。
- 单击"确定"按钮,第二张图片的图注添加完成。
- 按照相同的方法为其余图片添加图注。

(3) 自定义图片题注样式,应用于图注。

参照自定义"新标题 3"的方法,自定义"图片题注"样式,"样式基准"选择"无样式","后续段落样式"选择"正文",黑体,10 磅,居中,段前和段后距都为 6 磅,无缩进,并应用于文中所有图注。

(4) 为图片建立交叉引用。

以为"图 1"建立交叉引用为例,方法如下:

- 选中正文中的"图 1"文本。
- 单击"引用"选项卡"题注"选项组中的"交叉引用"命令,打开"交叉引用"对话框,如图 1-11 所示。

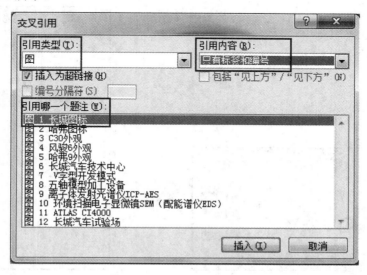

图 1-11 "交叉引用"对话框

- "引用类型"选择"图","引用内容"为"只有标签和编号","引用哪一个题注"

中，选中"图 1 长城图标"，单击"插入"按钮。

·　此时，按住 Ctrl 键，鼠标移动到文本"图 1"上，鼠标会变成小手形状，按下鼠标左键，光标会自动定位到图 1 图注的位置。

※重点提示

> 题注就是给图片、表格、图表、公式等项目添加的名称和编号，这可以方便读者的查找和阅读。使用题注功能可以保证长文档中图片、表格或图表等项目能够按顺序自动编号。如果移动、插入或删除带题注的项目，Word 可以自动更新题注的编号。插入题注既可以方便地在文档中创建图表目录，又可以不担心题注编号会出现错误，而且当某一项目带有题注时，还可以对其进行交叉引用。Word 还能提供智能标注题注和交叉引用的方法。
>
> 添加题注的作用是在 Word 中插入表格、图片、公式等项目时，会自动在项目上方或下方添加题注，该方法添加的题注可以自动编号。

步骤 4：修改正文样式。

光标定位到正文中，右击"正文"样式，在弹出的快捷菜单中选择"修改"命令，打开"修改样式"对话框，修改字符格式为宋体、小四，修改段落格式为首行缩进 2 字符，1.25 倍行距。

6. 使用导航窗格查看文档结构

导航窗格是一个完全独立的窗格，它由文档不同等级标题组成，显示整个文档的层次结构，可对整个文档进行快速的浏览和定位。在导航窗格中，正文文本不会出现。

步骤 1：在"视图"选项卡的"显示"组中，选中"导航窗格"复选框，如图 1-12 所示。此时，在文档窗口的左侧显示"导航"窗口，如图 1-13 所示，其中显示了文档的层次结构。

图 1-12　"导航窗格"复选框　　　　　　图 1-13　"导航"窗口

步骤 2：单击"导航窗格"中要跳转到的标题，该标题及其内容就会显示在页面顶部，如图 1-14 所示。

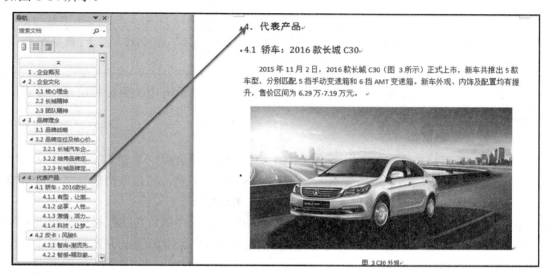

图 1-14　利用导航窗格快速跳转到文档某位置

7. 插入分节符，将文档正文分成 7 节

节是文档格式化的最大单位，只有在不同的节中，才能对同一文档中的不同部分进行不同的页面设置，如设置不同的页眉、页脚等。

步骤 1：将光标定位在标题"长城汽车简介"前面。

步骤 2：单击"页面布局"选项卡"分隔符"(如图 1-15 所示)下拉菜单中的"分节符—下一页"命令，如图 1-16 所示，此时光标后面的内容显示在下一页中，并且多出一张空白页(作为目录页留用)，在分节处显示一个虚线分节符标志，如图 1-17 所示。

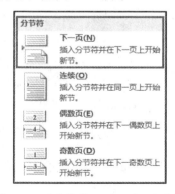

图 1-15　"分隔符"按钮　　　　　图 1-16　"分节符—下一页"命令框

一直保持着领先优势。在国内市场，SUV 车型
或皮卡已连续 18 年在全国保持了市场占有率、
牌知名度和美誉度不断提升。┄┄分节符(下一页)┄┄

图 1-17　"分节符"标志

※重点提示

如果未看到分节符标记，可单击"开始"选项卡上"段落"组中的"显示/隐藏编辑标记"按钮。

步骤 3： 在导航窗格中快速定位到"2. 企业文化"等其余五个 1 级标题前面，按照同样的方法插入分节符，将文档分为七大节。

8. 设置页眉和页脚

为文档插入页眉和页脚，页眉为当前节的名称(1 级标题名称)，页脚为页码。在文档中插入页眉页脚时，一般情况下所有页的页眉都是一样的，但是，通过取消后一节与前一节之间的链接可以实现不同节之间输入不同的页眉，方法如下：

步骤 1： 单击"插入"选项卡上"页眉和页脚"功能组中的"页眉"按钮，在展开的列表中选择页眉样式，这里选择"空白"；进入页眉和页脚的编辑状态，并在页眉处显示选择的页眉。

步骤 2： 将光标定位到"1. 企业概况"页顶部的"键入文字"文本框处，并删除"键入文字"文本框和空行。单击"页眉和页脚工具设计"选项卡"导航"组中的"链接到前一条页眉"按钮，如图 1-18 所示，取消其与前一条页眉的链接，输入文本"企业概况"。

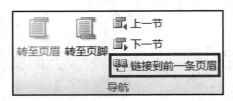

图 1-18   "链接到前一条页眉"按钮

步骤 3： 设置页眉下边框线为 0.75 磅双实线，删除页眉中的空行。

步骤 4： 光标定位到"2. 企业文化"页顶部的页眉处，单击"页眉和页脚工具设计"选项卡"导航"组中的"链接到前一条页眉"按钮，取消其与前一条页眉的链接，删除"企业概况"文本，输入"企业文化"文本。

步骤 5： 按照同样的方法，取消其与前一条页眉的链接，删除前一节的页眉文本，输入当前节页眉文本。

步骤 6： 单击"页眉和页脚工具设计"选项卡"导航"组中的"转至页脚"按钮，此时光标定位到页脚处。

步骤 7： 把光标定位到"1. 企业概况"页底部的页脚处，单击"页眉和页脚工具设计"选项卡"导航"组中的"链接到前一条页眉"按钮，取消其与前一条页脚的链接。

步骤 8： 单击"页眉页脚"组中的"页码"按钮，从弹出的下拉列表中选择添加页码的位置，如"页面底端"，如图 1-19 所示，再选择页码类型，如"普通数字 2"，此时可以看到文档从"1.企业概况"页 1 开始编排页码。

图 1-19 "页码"下拉菜单

步骤 9: 如果不是从 1 开始编码,要重新设置页码格式。在"页码"列表中选择"设置页码格式"命令,如图 1-19 所示,打开"页码格式"对话框,设置"起始页码"为 1,如图 1-20 所示。如果后一节的页码与前一节是不连续的,则打开"页码格式"对话框,设置"页码编号"为"续前节"。

图 1-20 "页码格式"对话框

图 1-21 "目录"按钮

步骤 10: 删除页脚中的多余空行。

步骤 11: 单击"页眉和页脚工具设计"选项卡"关闭"功能组中的"关闭页眉和页脚"按钮,退出页眉和页脚的编辑状态。

9. 自动提取文档目录

目录通常是文档不可缺少的部分,有了目录,读者就能很容易地知道文档中有什么内容,如何查找内容等。Word 提供了自动创建目录的功能,使目录的制作变得非常简便,既不用费力地去手工制作目录、核对页码,也不必担心目录与正文不符。而且在文档发生了改变以后,还可以利用更新目录的功能来适应文档的变化。

但在提取目录之前,需要先为要提取为目录的标题设置标题大纲级别,即不能为"正文文本"级别,并且为文档添加了页码。

步骤 1: 光标定位到空白页分节符标志前面。

步骤 2: 输入"目录"两个字,字间空一格,黑体、三号、居中对齐。

步骤 3: 光标定位到第 2 行,保证第 2 行文本为正文格式。

步骤 4: 单击"引用"选项卡上"目录"功能组中的"目录"按钮,如图 1-21 所示,在展开的列表中选择一种目录样式，如"插入目录"命令。

步骤 5：打开"目录"对话框，"格式"为默认的"来自模板"，在"显示级别"下拉列表中选择"4"，单击"确定"按钮，如图 1-22 所示。此时，文档中 4 级及以上的标题以及标题所在的页码都会显示在目录中。

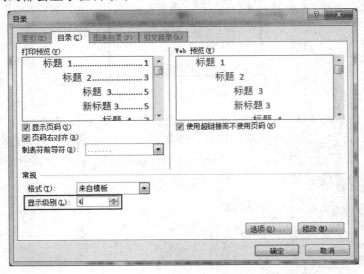

图 1-22　"目录"对话框

步骤 6：设置目录字号为五号。

10. 插入封面页

把任务 1 中制作的"长城汽车公司简介(封面)"插入到目录页前面作为封面。

步骤 1：在目录页前面插入一个空白页。

步骤 2：单击"插入"选项卡"文本"组中"对象"按钮中的"文件中的文字"命令，打开"插入文件"窗口。

步骤 3：在"插入文件"窗口中找到任务 1 中的"长城汽车公司简介(封面)"文件，点击"插入"按钮。

步骤 4：封面插入到文档中，调整封面中的对象元素至美观。

步骤 5：去掉封面和目录页眉中的横线。

11. 保存并关闭文档

单击快速访问工具栏中的"保存"按钮，将文档保存。保存完成后，即可单击文档窗口右上角的"关闭"按钮，将文档关闭。

任务 3　审阅营销策划书文档

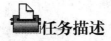**任务描述**

公司要举办一次营销展会，为此，营销部的小李写了一份营销策划书，发给上级领导

过目。领导看了这份策划书后，通过批注的形式给出了一些意见，有些地方直接以修订的形式做出修改，如图 1-23 所示。小李接收到领导的回复后，根据修改意见和修订内容作出了回应。

营销策划书文档

 **作品展示**

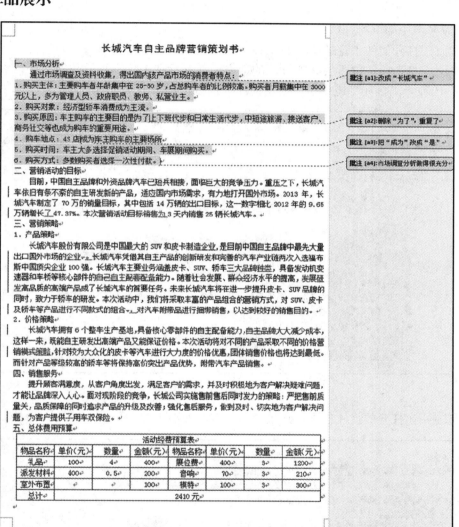

图 1-23　添加批注、修订后的文档

任务要点

➤　能够正确地为文档添加、删除批注。

➤　能够对文档进行修订并接受修订。

任务实施

Word 提供的审阅功能主要包括两个方面：一是审阅者可通过为文档添加批注的方式，对文档的某些内容提出自己的修改意见，原作者可根据自己的想法决定是否修改文档，然后删除批注；二是审阅者在文档修订状态下直接修改原文档，原作者可根据自己的想法决定是否接受修订。

1. 为文档添加批注

步骤 1： 打开文件"营销策划书.docx"。

步骤 2： 将光标定位于要添加批注的地方，或鼠标选中要添加批注的文字，然后单击"审阅"选项卡"批注"组中的"新建批注"按钮，如图 1-24 所示。

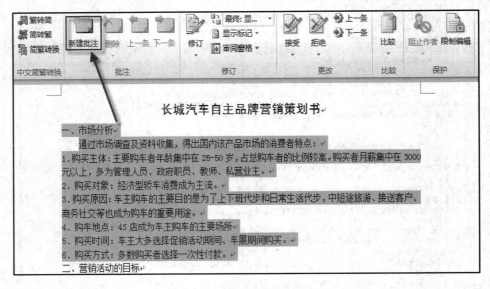

图 1-24　"新建批注"按钮

步骤 3： 在打开的批注框中输入批注的内容，如图 1-25 所示。

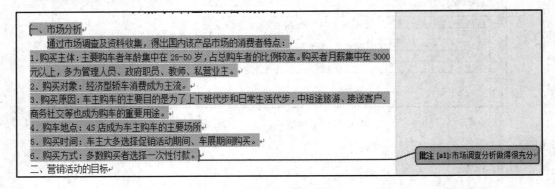

图 1-25　输入批注内容

步骤 4： 参照图 1-26 所示的效果为文章添加批注。

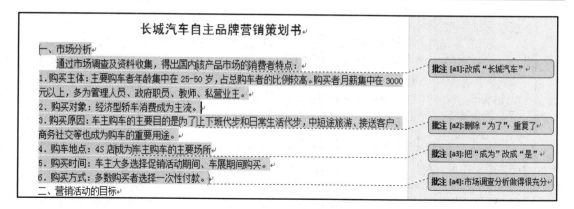

图1-26　添加批注效果图

2. 在修订状态下修订文档

步骤1：单击"修订"选项卡"修订"组中的"修订"按钮，如图1-27所示，进入文档修订状态。

图1-27　"修订"按钮

步骤2：找到要修改的文本进行添加或删除操作，可以看到添加的内容以下划线标识，删除的内容以删除线标识，被修订过的文档，左侧会显示竖线，如图1-28所示。

> 二、营销活动的目标
> 目前，中国自主品牌和外资品牌汽车已短兵相接，面临巨大的竞争压力。重压之下，长城汽车依旧有条不紊的自主研发新的产品，适应国内市场需求，有力地打开国外市场。2013年，长城汽车制定了70万的销量目标，其中包括14万辆的出口目标，这一数字相比2012年的9.65万辆增长了47.37%。本次营销活动目标销售为3天内销售25辆长城汽车。

图1-28　修订文档效果

步骤3：以同样的方法，参照图1-29所示的效果，对其余文档进行修订。

步骤4：文档修订完毕，再次单击"修订"组中的"修订"按钮，退出修订状态。

步骤5：另存文档为"营销策划书(批注、修订).docx"。

3. 删除批注

此时，领导修改后的文档返回到了小李手中，小李查看了批注和修订内容后，决定接受这些修改意见。

步骤1：打开"营销策划书(批注、修订).docx"。

步骤2：根据批注的内容一一做出修改，如图1-30所示。

二、营销活动的目标

目前，中国自主品牌和外资品牌汽车已短兵相接，面临巨大的竞争压力。重压之下，长城汽车依旧有条不紊的自主研发新的产品，适应国内市场需求，有力地打开国外市场。2013 年，长城汽车制定了 70 万的销量目标，其中包括 14 万辆的出口目标，这一数字相比 2012 年的 9.65 万辆增长了 47.37%。本次营销活动目标销售为 3 天内销售 25 辆长城汽车。

三、营销策略

1. 产品策略

长城汽车股份有限公司是中国最大的 SUV 和皮卡制造企业，是目前中国自主品牌中最先大量出口国外市场的企业，。长城汽车凭借其自主产品的创新研发和完善的汽车产业链两次入选福布斯中国顶尖企业 100 强。长城汽车主要业务涵盖皮卡、SUV、轿车三大品牌种类，具备发动机变速器和车桥等核心部件的自己自主配套配备能力。随着社会发展、群众经济水平的提高，发展研发高品质的高端产品成了长城汽车的首要任务。未来长城汽车将在进一步提升皮卡、SUV 品牌的同时，致力于轿车的研发。本次活动中，我们将采取丰富的产品组合的营销方式，对 SUV、皮卡及轿车等产品进行不同款式的组合。，对汽车附带品进行捆绑销售，以达到较好的销售目的。

2. 价格策略

长城汽车拥有 6 个整车生产基地，具备核心零部件的自主配备能力，自主品牌大大减少成本，这样一来，既能自主研发出高端产品又能保证价格。本次活动将对不同的产品采取不同的价格营销模式策略，针对较为大众化的皮卡等汽车进行大力度的价格优惠，团体销售价格也将达到最低。而针对产品等级较高的轿车等将保持高价突出产品优势，附带汽车产品销售。

四、销售服务

提升顾客满意度，从客户角度出发，满足客户的需求，并及时积极地为客户解决疑难问题，才能让品牌深入人心。面对现阶段的竞争，长城公司实施售前售后同时发力的策略：严把售前质量关，品质保障的同时追求产品的升级及改善；强化售后服务，做到及时、切实地为客户解决问题，为客户提供子用车双保险。

五、总体费用预算

活动经费预算表							
物品名称	单价(元)	数量	金额(元)	物品名称	单价(元)	数量	金额(元)
礼品	100	4	400	展位费	400	3	1200
派发材料	400	0.5	200	音响	70	3	210
室外布置			100	模特	100	3	300
总计	2410 元						

图 1-29　文档中需要修订的全部内容

一、市场分析

通过市场调查及资料收集，得出国内长城汽车消费者特点：

1. 购买主体：主要购车者年龄集中在 25-50 岁，占总购车者的比例较高。购买者月薪集中在 3000 元以上，多为管理人员、政府职员、教师、私营业主。

2. 购买对象：经济型轿车消费成为主流。

3. 购买原因：车主购车的主要目的是上下班代步和日常生活代步，中短途旅游、接送客户、商务社交等也成为购车的重要用途。

4. 购车地点：4S 店是车主购车的主要场所

5. 购买时间：车主大多选择促销活动期间、车展期间购买。

6. 购买方式：多数购买者选择一次性付款。

二、营销活动的目标

批注 [a1]：市场调查分析做得很充分

图 1-30　按批注框内容修改文档

步骤 3：将光标定位于批注框中，单击"审阅"选项卡"批注"组中"删除"按钮右侧的三角按钮，在展开的列表中选择"删除文档中的所有批注"项，如图 1-31 所示，将文档中的所有批注删除。

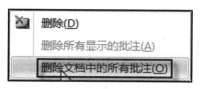

图 1-31 删除文档中的所有批注

4. 接受修订

步骤 1：查看修订意见，在要接受修订的文本左侧右击，在弹出的快捷菜单中选择"接受修订"项，如图 1-32 所示。

图 1-32 接受修订

步骤 2：此时可以看到修订操作生效，添加的文字变成文档的一部分。

步骤 3：以同样的方法查看文档其他的修订处，进行确认，决定接受或者拒绝修订。

步骤 4：单击"修订"组中的"显示以供审阅"按钮右侧的三角按钮，在展开的列表中选择"最终状态"项，如图 1-33 所示，将修订标记隐藏。

图 1-33 文档以"最终状态"显示

5. 另存文件

将文档另存为"营销策划书(终稿).docx"。

拓展任务　编排毕业论文

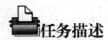**任务描述**

　　张同学马上要大学毕业了，现在他在忙于撰写毕业论文。毕业论文包括封面、目录和正文三部分。首先，张同学根据学校要求制作出毕业论文封面；由于毕业论文篇幅长、结构层次多，为了使格式统一，他决定利用样式对文档进行排版；在修改和定义样式的时候，标题段落设置了大纲级别，这样能够自动提取目录，既省时又省力。

毕业论文

**作品展示**

　　编排毕业论文效果图如图 1-34 所示。

图1-34 编排毕业论文效果图

**任务要点**

➤ 能够利用样式快速设置文档格式。

➤ 能为文档中的图片添加图注并建立交叉引用。

➤ 能够正确地在文档中插入分页符(或分节符)和页眉、页脚。

➤ 能够正确地为文档自动提取目录。

**任务实施**

1. 打开文档并保存

步骤1： 打开文件"非常规饲料的开发与利用(文本).docx"。

步骤2： 将文件另存为"非常规饲料的开发与利用.docx"。

2. 页面设置

步骤1： 纸张大小为A4纸，上、下边距均为2.5厘米，左、右边距为2.2厘米，装订线在左。

3. 使用样式设置毕业论文格式

步骤1： 创建名为"新标题1"的样式，黑体三号，居中，单倍行距，段前、段后距都为0.5行，大纲级别为1级，并应用于毕业论文标题。

步骤2： 创建名为"新标题2"的样式，黑体四号，单倍行距，居中；大纲级别为2级，并应用于"第一章、第二章……、参考文献"等标题。

步骤3： 创建名为"新标题3"的样式，黑体小四号，行间距固定值20磅，首行缩进2字符；大纲级别为3级，并应用于"1.1、1.2……"等标题。

步骤4： 创建名为"新标题4"的样式，黑体小四号，行间距固定值20磅，首行缩进

2 字符；大纲级别为 4 级，并应用于"一、二……"等标题。

步骤 5：修改正文样式，宋体小四号，行间距固定值 20 磅，首行缩进 2 字符，并应用于正文部分。

步骤 6：创建名为"图片样式"的样式，居中对齐，单倍行距，无缩进；大纲级别为正文文本，并应用于插入的图片。

步骤 7：为图片插入题注，图注编号设置为"图 1 ***、图 2 ***、图 3 ***…"的格式 (***代表该图片文件的文件名)。

步骤 8：创建名为"图片题注"样式，居中对齐，段前、段后距都为 6 磅，无缩进；大纲级别为正文文本，并应用于插入的图片题注。

步骤 9：正文中的"图 1、图 2、图 3"文本与图片题注建立交叉引用，引用内容为"只有标签和编号"。

4. 设计毕业论文封面

步骤 1：在文档最前面通过分节符插入一个空白页。

步骤 2：参照图 1-35 制作毕业论文封面。

图 1-35　封面样张

(1) 将光标定位在"分节符(下一页)"的前面，按 Enter 键插入四个空行，在第五行输入学校名称"保定职业技术学院"，选中四个空行和"保定职业技术学院"文本，单击"开始"选项卡"样式"组下拉列表中的"清除格式"命令，如图 1-36 所示，把封面页的样式清除，段落格式设置为无缩进。

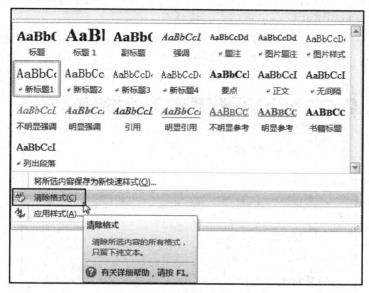

图 1-36　"清除格式"按钮

(2) "保定职业技术学院"文本为仿宋、三号、加粗、居中对齐。

(3) 在下一行输入"毕业设计报告(论文)"，并设置格式为仿宋、一号、加粗、居中对齐，段前和段后距为 1 行。

(4) 插入一个空行，绘制如图 1-35 所示的表格，输入文本，并设置格式为仿宋、三号、中部居中。

(5) 调整表格的行高和列宽至美观。

(6) 插入四个空行，输入文本" 年 月 日"，并设置格式为仿宋、三号、加粗、居中对齐。

5. 插入分节符

每一个章节之间插入一个分节符，使每一个章节另起一页。

6. 为文档插入页眉页脚

步骤 1：从正文开始插入页眉页脚。

步骤 2：每一页的页眉为章节的名称，页眉线为 0.75 磅的单直线。

步骤 3：页脚为页码。

步骤 4：页眉页脚为宋体，五号，居中，无缩进；页眉页脚中不要有多余的空行。

(注：页眉效果通过取消后一节与前一节之间的链接实现。)

7. 为文档提取"四级目录"

步骤 1：毕业论文封面后面插入分页符，增加目录页；"目录"两字居中，黑体、四号，取消加粗，段前段后 6 磅，字间空两格。

步骤 2：自动提取目录。(注：目录页不设页眉页码。)

8. 完善全文

步骤 1：删除文中所有空行(因插入分节符、分页符产生的空行)。

步骤 2：删除封面页和目录页页眉中的横线。

步骤 3：把正文(不包括参考文献页)中的参考文献编号全部改成上标(通过查找替换实现，查找内容为：\[*\]，使用通配符，替换为：空，格式设置为上标)，操作方法如图 1-37 所示。

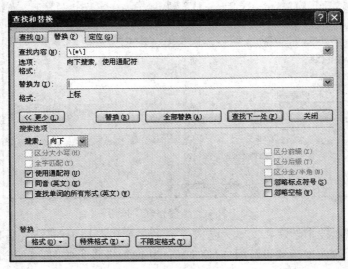

图 1-37　更改为上标

9. 保存文件并关闭

单元 2　批量处理公司信息

在实际工作中，公司会经常遇到给众多客户发送邀请函、制作商品信息卡、给员工发工资条等情况。这些工作都具有工作量大、重复率高的特点，既容易出错又枯燥乏味，有什么解决办法呢？在 Word 2010 中利用"邮件合并"功能就可以巧妙、轻松、快速地加以解决。

**情景导入**

小李是某汽车股份有限公司的办公人员，负责管理公司办公室工作，员工的工资条、商品信息卡、客户的邀请卡等工作都需要她来完成。如果手动填写不仅花时间，而且极易出错！

小李把该项目分解成三个任务来完成，第一个任务批量生成"工资条"；第二个任务批量生成"商品信息卡"；第三个拓展任务批量生成"邀请函"。

学习要点

➤ 能够创建邮件合并所需要的主文档和数据源。
➤ 会将插入合并域中的各选项插入到主文档并生成新数据。
➤ 会在邮件合并中插入图片。
➤ 会使用邮件合并中的简单域。

任务 1　批量生成"工资条"

任务描述

某公司为了使员工能方便、准确地了解每个月工资情况，需要为每个员工打印一份当月的工资条，工资信息可以从"公司员工工资管理"去调用。办公室小李为了能高效地完成任务，利用了 Word 2010 中的"邮件合并"功能。

作品展示

工资条邮件合并效果图(部分)如图 2-1 所示。

工资条

10 月份工资条										
员工编号	姓名	部门	地区	基本工资	业绩奖金	社会保险	应扣额	应发工资	个人所得税	实发工资
0001	张晨辉	机关	北市区	7000	3000	1260	0	8740	493	8247

10 月份工资条										
员工编号	姓名	部门	地区	基本工资	业绩奖金	社会保险	应扣额	应发工资	个人所得税	实发工资
0002	曾冠琛	销售部	北市区	4800	2000	864	220	5716	116.6	5599.4

10 月份工资条										
员工编号	姓名	部门	地区	基本工资	业绩奖金	社会保险	应扣额	应发工资	个人所得税	实发工资
0003	关俊民	客服中心	北市区	4700	300	846	390	3764	7.92	3756.08

10 月份工资条										
员工编号	姓名	部门	地区	基本工资	业绩奖金	社会保险	应扣额	应发工资	个人所得税	实发工资
0004	曾丝华	客服中心	新市区	2700	3000	486	0	5214	66.4	5147.6

10 月份工资条										
员工编号	姓名	部门	地区	基本工资	业绩奖金	社会保险	应扣额	应发工资	个人所得税	实发工资
0005	张辰哲	技术部	新市区	4300	2000	774	20	5506	95.6	5410.4

10 月份工资条										
员工编号	姓名	部门	地区	基本工资	业绩奖金	社会保险	应扣额	应发工资	个人所得税	实发工资
0006	孙娜	客服中心	南市区	2200	3000	396	0	4804	39.12	4764.88

图 2-1　工资条邮件合并效果图(部分)

任务要点

➢　能够创建邮件合并所需要的主文档和数据源。

➢　会将插入合并域中的各选项插入到主文档并生成新数据。

➢　会邮件合并的基本步骤。

任务实施

1. 创建"工资条"主文档

步骤 1：新建一个 Word 文档，并进行页面设置，纸张宽 25 厘米，高 2.5 厘米；页边距全部为 0 厘米。

步骤 2：输入工资条的标题"10 月份工资条"，并设置其格式，中文为华文行楷，西文为 Times New Roman，五号，居中对齐。

步骤 3：在第一行输入标题后，按回车键，单击"开始"选项卡，"样式"组中的"清除格式"选项，让光标恢复原始状态，如图 2-2 所示。

※重点提示

① 当页面设置边距为 0 时，为的是让整篇纸张填满内容，节约纸张。

② 因为默认打印机不支持 0 边距的打印，所以 Word 中打印预览会看到有内容丢失。可以设置打印机打印边距更改打印最终效果。

③ 清除格式可以快速把格式调整到原始状态。

步骤 4：插入 11 列 2 行的表格。

步骤 5：设置表格格式，表格宽度为 25 厘米的固定值，居中对齐，如图 2-3 所示。表格内文字的对齐方式为"水平居中"。

步骤 6：参照图 2-1 输入表格第一行的字段名，设置字符格式为黑体、五号；并将其保存为"工资条(主文档)"。

图 2-2　清除格式

图 2-3　表格属性

2."10 月份工资统计表"数据源

要批量制作"工资条"，除了要有主文档外，还需要有每个员工对应的相关信息。用户可以在邮件合并中使用多种格式的数据源，如 Microsoft Outlook 联系人列表，Access 数据库，或 Word 文档、Excel 表格等。下面以公司现成的 Excel 数据源"10 月份工资统计表"进行制作，如图 2-4 所示。

	A	B	C	D	E	F	G	H	I	J	K	L
1	员工编号	姓名	部门	地区	基本工资	业绩奖金	社会保险	应扣额	应发工资	应纳税工资额	个人所得税	实发工资
2	0001	张晨辉	机关	北市区	¥7,000.00	¥3,000.00	¥1,260.00	¥0.00	¥8,740.00	¥5,240.00	¥493.00	¥8,247.00
3	0002	曾冠琛	销售部	北市区	¥4,800.00	¥2,000.00	¥864.00	¥220.00	¥5,716.00	¥2,216.00	¥116.60	¥5,599.40
4	0003	关俊民	客服中心	北市区	¥4,700.00	¥300.00	¥846.00	¥390.00	¥3,764.00	¥264.00	¥7.92	¥3,756.08
5	0004	曾丝华	客服中心	新市区	¥2,700.00	¥3,000.00	¥486.00	¥0.00	¥5,214.00	¥1,714.00	¥66.40	¥5,147.60
6	0005	张辰哲	技术部	新市区	¥4,300.00	¥2,000.00	¥774.00	¥20.00	¥5,506.00	¥2,006.00	¥95.60	¥5,410.40
7	0006	孙卿	客服中心	南市区	¥2,200.00	¥3,000.00	¥396.00	¥0.00	¥4,804.00	¥1,304.00	¥39.12	¥4,764.88
8	0007	丁怡瑾	业务部	北市区	¥4,800.00	¥3,000.00	¥864.00	¥120.00	¥6,816.00	¥3,316.00	¥226.60	¥6,589.40
9	0008	蔡少卿	后勤部	北市区	¥4,800.00	¥3,000.00	¥864.00	¥0.00	¥6,936.00	¥3,436.00	¥238.60	¥6,697.40
10	0009	吴小杰	机关	新市区	¥4,500.00	¥3,000.00	¥810.00	¥0.00	¥6,690.00	¥3,190.00	¥214.00	¥6,476.00
11	0010	肖羽雅	后勤部	新市区	¥2,200.00	¥3,000.00	¥396.00	¥320.00	¥3,484.00	¥0.00	¥0.00	¥3,484.00
12	0011	甘晓聪	机关	南市区	¥2,300.00	¥3,000.00	¥414.00	¥0.00	¥4,886.00	¥1,386.00	¥41.58	¥4,844.42
13	0012	齐萌	后勤部	南市区	¥3,000.00	¥3,000.00	¥540.00	¥0.00	¥5,460.00	¥1,960.00	¥91.00	¥5,369.00
14	0013	郑洁	产品开发部	新市区	¥4,800.00	¥3,000.00	¥864.00	¥0.00	¥6,936.00	¥3,436.00	¥238.60	¥6,697.40
15	0014	陈芳芳	销售部	新市区	¥4,200.00	¥3,000.00	¥756.00	¥120.00	¥5,324.00	¥1,824.00	¥77.40	¥5,246.60
16	0015	韩世伟	技术部	北市区	¥6,800.00	¥3,000.00	¥1,224.00	¥0.00	¥8,576.00	¥5,076.00	¥462.00	¥8,115.80
17	0016	郭玉谣	技术部	南市区	¥4,800.00	¥3,000.00	¥864.00	¥0.00	¥5,936.00	¥2,436.00	¥138.60	¥5,797.40
18	0017	何军	销售部	新市区	¥3,200.00	¥3,000.00	¥576.00	¥0.00	¥5,624.00	¥2,124.00	¥107.40	¥5,516.60
19	0018	郑朋君	人事部	北市区	¥4,800.00	¥-200.00	¥810.00	¥430.00	¥4,060.00	¥0.00	¥0.00	¥4,060.00
20	0019	罗益美	销售部	北市区	¥3,500.00	¥3,000.00	¥630.00	¥0.00	¥4,870.00	¥1,370.00	¥41.10	¥4,828.90
21	0020	张天阳	销售部	南市区	¥3,500.00	¥800.00	¥630.00	¥330.00	¥3,340.00	¥0.00	¥0.00	¥3,340.00

图 2-4　"10 月份工资统计表"数据源

3. 邮件合并

数据源和主文档都创建好了，接下来就可以进行邮件合并。

步骤 1：打开已创建的主文档，单击"邮件"选项卡上"开始邮件合并"组中的"开始邮件合并"按钮，在展开的列表中可看到"普通 Word 文档"选项高亮显示，如图 2-5 所示，表示当前编辑的主文档类型为普通 Word 文档。

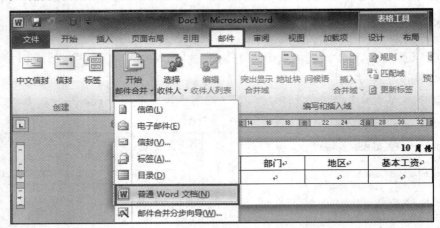

图 2-5　选择创建文档的类型

※重点提示

> 若在列表中选择"信函"、"电子邮件"、"信封"或"标签"选项，表示创建相应类型的文档。

步骤 2：单击"开始邮件合并"组中的"选择收件人"按钮，在展开的列表中选择"使用现有列表"，如图 2-6(a)所示。

步骤 3：打开"选取数据源"对话框，选中创建好的数据文件——"10 月份工资统计表(数据源)"文件，如图 2-6(b)所示，然后单击"打开"按钮。

（a）　　　　　　　　　　　　（b）

图 2-6　选择数据源文件

步骤 4：在打开的对话框中选择要使用的 Excel 工作表，然后单击"确定"按钮，如图 2-7 所示。

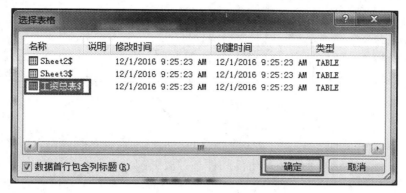

图 2-7　选择 Excel 工作表

步骤 5：将插入符放置在文档中第 1 处要插入合并域的位置，即第一列第二行处，然后单击"编写和插入域"组中"插入合并域"按钮，在展开的列表中选择要插入的域——"员工编号"，如图 2-8(a)所示，效果如图 2-8(b)所示。

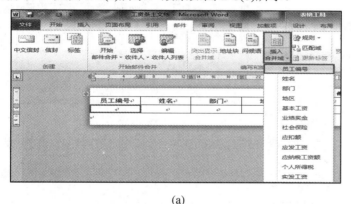
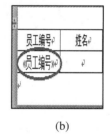

(a)　　　　　　　　　　　　　　　　　　　　　(b)

图 2-8　选择并插入"员工编号"

步骤 6：用同样的方法插入"姓名"、"部门"、"地区"、"基本工资"等剩余字段域，效果如图 2-9 所示。

10 月份工资表										
员工编号	姓名	部门	地区	基本工资	业绩奖金	社会保险	应扣额	应发工资	个人所得税	实发工资
《员工编号》	《姓名》	《部门》	《地区》	《基本工资》	《业绩奖金》	《社会保险》	《应扣额》	《应发工资》	《个人所得税》	《实发工资》

图 2-9　插入剩余字段域

※重点提示

① 将邮件合并域插入主文档时，域名称总是由尖括号括住。这些尖括号不会显示在合并文档中，它们只是帮助将主文档中的域与普通文本区分开来。

② 在插入每个字段域前一定要先确定光标的位置，光标位置在哪就在哪插入域。

步骤 7：单击"预览结果"组中"预览结果"按钮，并可以设置查看第 3 条数据信息(此处可以设置想要预览的特定记录)，如图 2-10 所示。

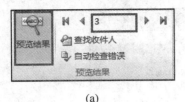

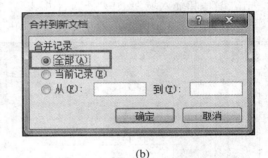

(a)

(b)

图 2-10　预览效果图

步骤 8：单击"完成"组中的"完成并合并"按钮，在展开的列表中选择"编辑单个文档"，如图 2-11(a)所示，系统将产生的邮件合并放置到一个新文档。

步骤 9：在打开的"合并到新文档"对话框中选择"全部"单选按钮，如图 2-11(b)所示，然后单击"确定"按钮。

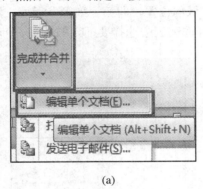

(a)

(b)

图 2-11　合并到新文档

※重点提示

> 在合并数据中，除了可以合并"全部"记录外，还可以只合并"当前记录"，或只合并指定范围的部分记录。

步骤 10：Word 将根据设置自动合并文档，并将全部记录存放在一个新文档中，合并完成的文档的份数取决于数据表中记录的条数，最终效果如图 2-1 所示。最后保存并关闭文档"工资条(主文档)"，并将生成的新文档"信函 1"另存为"工资条(邮件合并)"。

任务 2　批量制作汽车信息卡

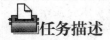任务描述

为了让客户快速了解每款汽车的基本信息，本公司需要对销售的汽车制作汽车信息卡。

办公室小李为了高效地完成任务，优先想到了利用 Word 2010 邮件合并功能来批量制作汽车信息卡。

汽车信息卡

**作品展示**

本任务批量制作的汽车信息卡效果如图 2-12 所示。

图 2-12 汽车信息卡邮件合并效果图(部分)

任务要点

➢ 能够制作表格并美化。

➢ 会邮件合并的基本步骤。

➢ 能够正确地使用域。

➢ 能够在邮件合并中插入图片以及设置小数位数。

任务实施

1. 创建"汽车信息卡"主文档

步骤 1：设置汽车信息卡正面，新建一个 Word 文档，其页面设置参数为纸张宽 10 厘米，高 7 厘米，页边距全部为 0 厘米；页面背景颜色为橄榄色，强调文字颜色 3，淡色 60%。

步骤 2：设置表格。

(1) 插入 3 列 7 行的表格。

(2) 设置表格格式。

• 设置表格的固定宽度为 10 厘米，水平和垂直均相对于页面居中。

• 前 6 行行高为 1 厘米，最后一行行高为 0.5 厘米。

• 第一列和第二列列宽均为 2.5 厘米。

• 按效果图 2-13 所示合并单元格。

• 根据窗口自动调整表格。

(3) 按效果图 2-13 所示输入文本。

• 设置表格中所有文本的对齐方式为水平居中，单元格内部边距全部为 0 厘米。

• 设置第一行标题文本为：黑体，小三，加粗，文本效果为"渐变填充—橙色，强调文字颜色 6，内部阴影"。

• 设置 A2:A6 单元格区域中的文字为：楷体，小四，加粗，字体颜色"红色，强调文字颜色 2"。

• 设置 B2:B6 单元格区域中的文本为：宋体，五号，黑色。

• 设置底部标题文本为：黑体，五号，字体颜色为茶色，背景 2。

(4) 按效果图 2-13 所示设置边框。

• 设置无外边框。

• 设置表格第一行的下框线和最后一行的上框线为 0.75 磅的绿色双线。

• 设置表格的其余内部细线为 0.75 磅，水绿色，强调文字颜色 5 的单线。

(5) 按效果图 2-13 所示设置底纹。

• 设置标题行底纹图案效果为浅色上斜线，图案颜色为橙色(R=255，G=192，B=0)，填充颜色为水绿色(R=0，G=255，B=255)。

• 设置 A2:A6 单元格区域的底纹为橄榄色，强调文字颜色 3，淡色 40%。

• 设置底部标题图案效果为浅色下斜线，图案颜色为橙色，强调文字颜色 6，深色 25%，填充颜色为绿色(R=0，G=176，B=80)。

步骤 3：设置汽车信息卡背面效果如图 2-14 所示。

(1) 在第二页设置卡的背面，插入文件中的图片"背景图"。

(2) 设置图片大小为：取消锁定纵横比，宽度 10 厘米，高度 7 厘米。

(3) 设置图片自动换行"四周型环绕"。

(4) 设置图片相对页面水平方向左右居中，垂直方向顶端对齐，让图片正好平铺页面。

(5) 设置图片的艺术效果为"十字图案蚀刻"。

步骤 4：将文档以 "汽车信息卡(主文档)"为名保存并关闭。

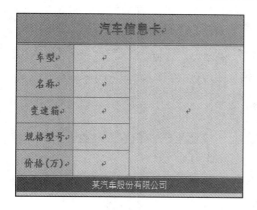

图 2-13　汽车信息卡(正面)　　　　　　　图 2-14　汽车信息卡(背面)

2. "商品信息"数据源

汽车卡信息数据源可以从"公司采购和库存数据管理"工作簿中去调用。数据源效果图如图 2-15 所示。

	A	B	C	D	E	F	G	H	I
1		编号	车型	名称	变速箱	规格型号	单位	价格（万）	汽车图片
2		CC001	哈弗	哈弗H1	手动	标准型	辆	5.49	C:\\Users\\Administrator\\Desktop\\汽车图片\\H1手动标准型.jpg
3		CC002	哈弗	哈弗H1	手动	舒适型	辆	5.99	C:\\Users\\Administrator\\Desktop\\汽车图片\\H1手动舒适型.jpg
4		CC003	哈弗	哈弗H1	手动	豪华型	辆	6.39	C:\\Users\\Administrator\\Desktop\\汽车图片\\H1手动豪华型.jpg
5		CC004	哈弗	哈弗H2	自动	精英型	辆	10.58	C:\\Users\\Administrator\\Desktop\\汽车图片\\H2自动精英型.jpg
6		CC005	哈弗	哈弗H2	自动	豪华型	辆	11.18	C:\\Users\\Administrator\\Desktop\\汽车图片\\H2自动豪华型.jpg
7		CC006	哈弗	哈弗H6	手动	精英型	辆	10.78	C:\\Users\\Administrator\\Desktop\\汽车图片\\H6手动精英型.jpg
8		CC007	哈弗	哈弗H6	手动	尊贵型	辆	12.18	C:\\Users\\Administrator\\Desktop\\汽车图片\\H6手动尊贵型.jpg
9		CC008	哈弗	哈弗H6	自动	豪华型	辆	11.98	C:\\Users\\Administrator\\Desktop\\汽车图片\\H6手动豪华型.jpg
10		CC009	哈弗	哈弗H8	手自一体	舒适型	辆	18.88	C:\\Users\\Administrator\\Desktop\\汽车图片\\H8舒适型.jpg
11		CC010	哈弗	哈弗H8	手自一体	标准型	辆	20.18	C:\\Users\\Administrator\\Desktop\\汽车图片\\H8标准型.jpg
12		CC011	哈弗	哈弗H8	手自一体	精英型	辆	20.88	C:\\Users\\Administrator\\Desktop\\汽车图片\\H8精英型.jpg
13		CC012	哈弗	哈弗H8	手自一体	豪华型	辆	22.18	C:\\Users\\Administrator\\Desktop\\汽车图片\\H8豪华型.jpg
14		CC013	哈弗	哈弗H9	手自一体	精英型	辆	22.98	C:\\Users\\Administrator\\Desktop\\汽车图片\\H9精英型.jpg
15		CC014	哈弗	哈弗H9	手自一体	豪华型	辆	24.98	C:\\Users\\Administrator\\Desktop\\汽车图片\\H9豪华型.jpg
16		CC015	哈弗	哈弗H9	手自一体	尊贵型	辆	27.28	C:\\Users\\Administrator\\Desktop\\汽车图片\\H9尊贵型.jpg
17		CC016	轿车	长城C30	自动	舒适型	辆	6.79	C:\\Users\\Administrator\\Desktop\\汽车图片\\长城C30自动舒适型.jpg
18		CC017	轿车	长城C30	自动	豪华型	辆	7.19	C:\\Users\\Administrator\\Desktop\\汽车图片\\长城C30自动豪华型.jpg
19		CC018	轿车	长城C30	手动	舒适型	辆	6.28	C:\\Users\\Administrator\\Desktop\\汽车图片\\长城C30手动舒适型.jpg
20		CC019	轿车	长城C30	手动	豪华型	辆	6.69	C:\\Users\\Administrator\\Desktop\\汽车图片\\长城C30手动豪华型.jpg
21		CC020	轿车	长城C50	手动	时尚型	辆	7.99	C:\\Users\\Administrator\\Desktop\\汽车图片\\长城C50时尚型.jpg
22		CC021	轿车	长城C50	手动	精英型	辆	8.59	C:\\Users\\Administrator\\Desktop\\汽车图片\\长城C50精英型.jpg
23		CC022	皮卡	风骏5	手动	进取型	辆	7.68	C:\\Users\\Administrator\\Desktop\\汽车图片\\风骏5进取型.jpg
24		CC023	皮卡	风骏6	手动	精英型	辆	9.68	C:\\Users\\Administrator\\Desktop\\汽车图片\\风骏6精英型.jpg
25		CC024	皮卡	风骏6	手动	领航型	辆	12.48	C:\\Users\\Administrator\\Desktop\\汽车图片\\风骏6领航型.jpg

图 2-15　商品信息数据源

步骤 1：根据实际情况更改图片文件的路径。

(1) 打开放置照片的文件夹目录，选中地址栏中的文件目录，如图 2-16 所示，右击选择"复制"。

C:\Users\Administrator\Desktop\汽车图片

图 2-16　照片文件夹路径

(2) 打开 Excel 表格，将复制的目录地址，粘贴到"汽车照片"列中。

(3) 对粘贴过来的数据进行修改(注：路径补充完整，一定要写上文件的扩展名，将所有"\"改为"\\"(双斜杠))，修改完成后，如图 2-17 所示，点击"保存"Excel 文件内容。

汽车图片
C:\\Users\\Administrator\\Desktop\\汽车图片\\H1手动标准型.jpg
C:\\Users\\Administrator\\Desktop\\汽车图片\\H1手动豪华型.jpg
C:\\Users\\Administrator\\Desktop\\汽车图片\\H1手动舒适型.jpg
C:\\Users\\Administrator\\Desktop\\汽车图片\\H2自动豪华型.jpg
C:\\Users\\Administrator\\Desktop\\汽车图片\\H2自动精英型.jpg
C:\\Users\\Administrator\\Desktop\\汽车图片\\H6手动豪华型.jpg
C:\\Users\\Administrator\\Desktop\\汽车图片\\H6手动精英型.jpg
C:\\Users\\Administrator\\Desktop\\汽车图片\\H6手动尊贵型.jpg

图 2-17　照片文件完成后路径(部分)

3. 邮件合并

数据源和主文档都创建好了，接下来就可以进行邮件合并。

步骤 1：打开已创建的主文档。

步骤 2：单击"开始邮件合并"组中的"选择收件人"按钮，在展开的列表中选择"使用现有列表"。

步骤 3：打开"选取数据源"对话框，选中创建好的数据文件——"商品信息数据源"文件，单击"打开"按钮。

步骤 4：在打开的对话框中选择要使用的 Excel 工作表——"商品信息表"，然后单击"确定"按钮。

步骤 5：将插入符放置在文档中第 1 处要插入合并域的位置，然后单击"编写和插入域"组中"插入合并域"按钮，在展开的列表中选择要插入的域——"车型"。

步骤 6：用同样的方法插入"姓名"、"变速箱"、"规格型号"、"价格(万)"字段域，效果图如图 2-18 所示。

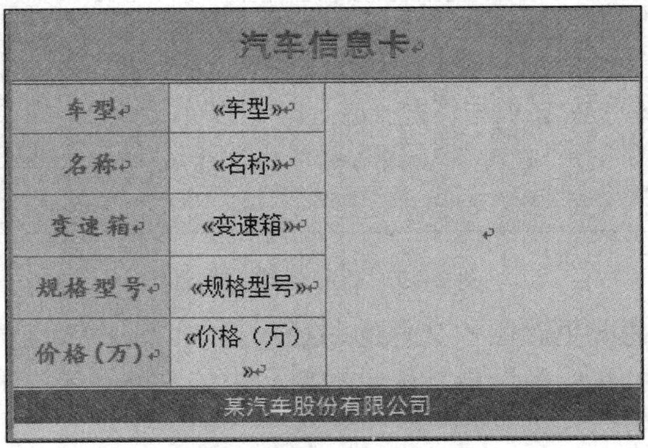

图 2-18　插入字段域

步骤 7：插入照片域。

(1) 将光标停在要插入图片的位置，按"Ctrl+F9"插入域，这时我们会看到一对"{ }"，我们在闪烁的光标位置输入"includepicture" ""(不含外面的中文双引号)，includepicture 后面使用的是英文状态下的双引号" "，如果不加这个英文下的双引号，会造成生成的文档中图片解析地址错误，如图 2-19(a)所示。

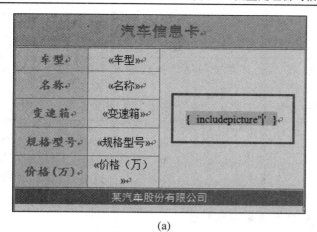 

(a)　　　　　　　　　　　　　　(b)

图 2-19　插入图片域

(2) 停在英文双引号中间，再次点击"插入合并域"，选中图片所在的字段，这里用的图片存放字段是"汽车图片"，如图 2-19(b)所示。

(3) 按"F9"，显示插入的域，看一下我们是否插入图片成功。

(4) 单击"预览结果"组中"预览结果"按钮，查看当前信息，如图 2-20 所示。

图 2-20　插入照片更新后效果图

※重点提示

　　域是文档中的变量。域分为域代码和域结果。域代码是由域特征字符、域类型、域指令和开关组成的字符串；域结果是域代码所代表的信息。域结果根据文档的变动或相应因素的变化而自动更新。域特征字符是指包围域代码的大括号"{}"，它不是从键盘上直接输入的，按"Ctrl+F9"键可插入这对域特征字符。

　　更新域：当 Word 文档中的域没有显示出最新信息时，用户应采取以下措施进行更新，以获得新域结果。

　　① 更新单个域：首先单击需要更新的域或域结果，然后按下"F9"键。

　　② 更新一篇文档中所有域：执行"编辑"菜单中的"全选"命令，选定整篇文档，然后按下"F9"键。

※重点提示

① 插入图片域时必须使用"Ctrl+F9"，不能直接通过键盘插入"{}"，直接输入是无效的。

② 图片大小设置要适当，文中图片大小设置为宽度4厘米，高度4厘米。

步骤8： 设置小数位数。

(1) 如图2-20所示红色矩形框中若保留小数位数两位，需将光标移到需要改变小数点位数的"域代码"上(如"价格(万)")，待其变成灰色后用鼠标右击，执行"切换域代码"命令，如图2-21所示，灰色部分"{MERGEFIELD 价格(万)\#0.00}"。

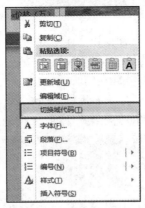

图2-21　切换域代码

(2) 在"价格(万)"后面输入"\#0.00"，立刻显示为"{MERGEFIELD 价格(万)\#0.00}"，再按F9就可以看到平均分被保留两位小数，如图2-22所示。

图2-22　保留小数位数两位

※重点提示

当显示域代码时会影响原来的排版格式，更新域后就可恢复。

步骤9： 单击"完成"组中的"完成并合并"按钮，在展开的列表中选择"编辑单个文档"，系统将产生的邮件合并放置到一个新文档。

步骤 10：在打开的"合并到新文档"对话框中选择"全部"单选按钮，然后单击"确定"按钮。

步骤 11：生成新文档后，需要使用"Ctrl+A"全选新生成的文档，再按"F9"刷新域，这样就可以显示全部的正确的图片和对应的文档，如图 2-23 邮件合并后(一条记录)效果图所示。

图 2-23　邮件合并后(一条记录)效果图

※重点提示

邮件合并不合并页面背景。

步骤 12：在合并的新文档中重新添加页面背景，设置页面背景颜色为"橄榄色，强调文字颜色 3，淡色 60%"。最终效果如图 2-12 所示。最后将新生成的邮件合并文档另存文档为"汽车信息卡(邮件合并)"。

拓展任务　批量制作公司周年庆邀请函

情景导入

公司决定搞 10 周年庆典活动，届时准备邀请一些重要客户参加。公司小李负责批量制作邀请函，并将邀请函寄给每一位客户。

任务要点

➢　能够利用 Word 2010 模板制作主文档。
➢　会对模板进行编辑修改。
➢　能够正确地进行邮件合并。

任务实施

1. 利用 Word 模板创建主文档

(1) 使用模板新建文档。

利用 Microsoft Office 提供的模板功能来创建主文档。

(2) 修改模板制作邀请函主文档。

2. 利用 Excel 制作数据源

要批量制作邀请函，除了要有主文档外，还要有客户的姓名和性别等信息，可以根据实际情况来制定。

3. 邮件合并

(1) 邮件—开始邮件合并—普通 Word 文档。

(2) 开始邮件合并—选择收件人—使用现有列表—选取数据源。

(3) 插入合并域：姓名、性别。

(4) 完成并合并—合并到新文档—全部。

(5) 将合并完成的新文档另存为"公司邀请函(邮件合并)"。

单元 3　求职简历文档设计制作

情景导入

　　求职简历是求职成功的第一块敲门砖，一份翔实、独特的求职简历是迈向目标职位的好助手，是通往理想彼岸的桥梁。所以求职简历的设计和制作是每个人必不可少的技能。

　　求职简历是求职者给招聘公司发送的一份简要介绍文档，包含自己的基本信息，如姓名、性别、年龄、民族、籍贯、政治面貌、联系方式，以及教育背景、工作经历、荣誉奖励、专业技能和个人评价等。

　　"求职简历"由封面、自荐信和简历三部分组成，如图 3-1 所示，既可以三部分装订，完整地使用，也可以单独使用自荐信或简历，求职者可根据求职或应聘需要灵活应用各部分。

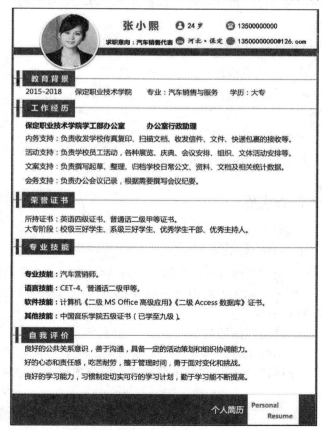

图 3-1　求职简历

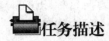

学习要点

➢ 能够设计、制作、撰写求职简历的各组成部分。
➢ 能够利用各种图、文元素进行合理布局。
➢ 能够综合利用表格进行页面排版布局。
➢ 能够正确地进行页面设置和打印文档。

任务 1　制作简历封面

任务描述

　　封面是求职简历的门面，它折射出一个人的喜好和素养。在各色各样的封面中，设计出色的简历封面，会格外引起招聘者的注意，从而大大提高求职成功率。该任务即学习简历封面的设计制作。

　　在该任务中，可以充分发挥自己的想象力和创造力，利用图文混排技术，做好版面设计和色彩搭配，设计制作出符合规范又有一定个人特色的简历封面。

任务要点

➢ 能够熟练地插入文本框、图形、图片并进行编辑和格式设置。
➢ 合理地进行版面设计和色彩搭配。

作品展示

　　简历封面的最终效果如图 3-2 所示。

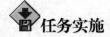

任务实施

1．准备工作

（1）新建 Word 空白文档，并将文档以"简历.docx"为名保存在"项目三"文件夹中。

（2）进行页面设置：纸张大小为 A4，上下左右页边距均为 0.6 厘米，纸张方向为"纵向"，设置装订线距离为 0.5 厘米，左侧装订。

（3）确定好简历封面的主题和色调。

（4）从网上搜索与主题相符或者与文字表达寓意相符的图片、图标等素材，将其下载下来，保存到相应的文件夹中备用。

简历封面

（5）确定好简历封面各部分文字、图片的位置以及版面的整体结构。

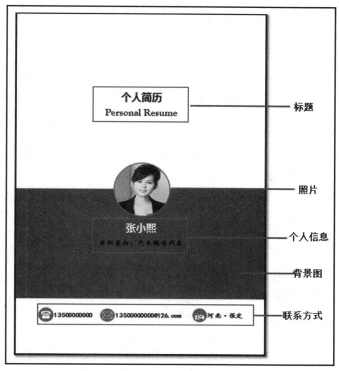

图 3-2　简历封面的各项元素和内容

※重点提示

> 　　如果文件只有一页，不需要装订，可以不设置装订线；如果文件由 2～10 多页组成，则需要装订，一般装订线的距离设置为 0.5 厘米左右比较合适；如果文件有 30 多页，装订的厚度增加，则装订线的距离设置为 0.8～1 厘米左右比较合适；如果文件的页数在 50 页以上，则装订线的距离设置为 1 厘米比较合适。

2. 设计、制作封面的各项元素和内容

　　在确定好封面主题、色调，以及准备好相关图片素材后，就可以按照工作过程开始设计、制作封面的各项元素和内容了。该任务制作的封面涉及的元素和内容如图 3-2 所示。

　　(1) 背景图的设计制作。

　　① 插入矩形并设置格式：大小为高 9.56 厘米，宽 21.3 厘米；无轮廓，填充颜色为(R=47，G=99，B=160)。

　　② 设置矩形在页面中的位置：水平相对于页面左右居中；垂直方向距页面下侧 15.2 厘米。

　　(2) 标题的设计制作。

　　① 插入文本框并设置文本框格式：高 4.6 厘米，宽 8.9 厘米；内部边距全部为 0 厘米；无轮廓，无填充颜色。

　　② 在文本框中输入文本并设置格式：中文字体为微软雅黑，西文字体为 Goudy Old Style；小一、加粗；水平居中、垂直中部对齐。

③ 设置文本框在页面中的位置：水平相对于页面左右居中；垂直上调整到美观为止。

(3) 照片的设计制作。

① 插入圆形并设置格式：大小：4.67×4.67 厘米；形状轮廓：2.25 磅；蓝色，强调文字颜色 1；形状填充为个人照片。

② 设置圆形在页面中的位置：水平相对于页面左右居中；垂直上让圆形的中线与矩形的顶端对齐。

(4) 个人信息的设计制作。

① 插入文本框并设置文本框格式：高 3 厘米，宽 9 厘米；无轮廓，无填充颜色；内部边距全部为 0 厘米。文字在文本框。

② 文本框中输入文本并设置格式："姓名"为微软雅黑、小一、白色加粗；"求职意向"为楷体、三号、黑色加粗。设置文本框中的文字水平左对齐，垂直中部对齐。

③ 设置文本框在页面中的位置：水平，相对于页面左右居中；垂直上在照片下面，调整到美观为止。

(5) 联系方式的设计制作。

① 插入"联系方式"图片并设置格式：高 1.27 厘米，宽 1.27 厘米；环绕方式为四周型。参照所示大致调整图片在页面中的位置。

② 在"联系方式"图片右侧绘制一个文本框并输入个人联系电话，然后设置格式：高 1.27 厘米，宽度为最适合的宽度；无轮廓，无填充颜色；文本框的内部边距全部为 0；设置文本为楷体、三号、黑色、加粗显示；设置文本框中的文字水平左对齐，垂直中部对齐。

③ 设置"联系方式"图片和"联系电话"文本框二者的对齐方式为上下居中，并利用键盘上的方向键调整二者的间距至美观，然后将二者组合，并将组合后的对象复制粘贴两次。

④ 分别更改复制后的对象的图片和文本，如图 3-2 所示。更改图片的方法为：在"联系方式"图片上单击鼠标右键选择"更改图片"命令，在打开的对话框中选择相应的图片即可。文字可在文本框中直接修改，并根据文字长度调整文本框的宽度。

⑤ 利用键盘上的方向键大致调整三个组合对象的位置和间距，然后利用"对齐"工具设置 3 个对象上下居中、横向分布来进行精确调整，如图 3-2 所示，直到美观为止。

⑥ 将上述 3 个对象组合，并设置组合后的位置为：水平相对于页面左右居中，垂直上参照图 3-2 所示调整到美观为止。

⑦ 组合页面中的所有对象元素，完成简历封面的设计制作。

3. 打印预览，修改、调整各部分格式

保存文件，预览打印效果，如果不满意，进行修改、调整，直到满意为止。

任务 2　自荐信的撰写与编排

任务描述

自荐信也是求职者向用人单位推销和介绍自己的一种重要手段，是用人单位了解、相信、录用自己的媒介。因此，一份好的自荐信可以帮助自己实现心愿。

　　撰写与编排自荐信是每一位求职者必备的技能。假设你即将毕业，请你为自己撰写一份求职信。

自荐信

作品展示

"自荐信"最终效果如图 3-3 所示。

自　荐　信

尊敬的领导：

　　您好！

　　感谢您抽空垂阅我的自荐信。

　　贵公司良好的形象和员工素质吸引着我这名即将毕业的大学生，很高兴能为您介绍自己的情况，愿您能从中认识一个自信而又真实的我

　　我叫张小熙，是保定职业技术学院机电工程系汽车营销与服务专业 16 届毕业生。保定职业技术学院是一所国办综合类全日制普通高等学校，座落于历史文化名城保定市。学院素以"笃学弘毅，经世致用"为校训，培养出很多优秀毕业生。在这样的学习环境下，无论是在知识能力，还是个人素质修养方面，我都受益匪浅。

　　三年紧张而丰富的大学生活，沉淀出我扎实的知识基础，提高了我的综合能力，在这收获的岁月中，我不仅学好了各门知识，掌握了扎实的专业技能，并在专业知识方面取得优异的成绩；具备较好的英语听、说、读、写、译等能力，能熟练地操作计算机办公软件。同时，我利用课余时间广泛地涉猎了大量书籍，不但充实了自己，也培养了自己多方面的技能，树立了正确地人生观、价值观和世界观。

　　此外，我还积极地参加各种实践活动，如学院里的演讲比赛、歌唱比赛等。假期时间我还去做了寒、暑假工，在这其中，我深深地感受到，看似简单的事情，其实也没那么容易做好，使我获益菲浅。总之，我抓住每一个机会，不断锻炼自己，培养自己多方面的能力，弥补不足。

　　大学的三年生活，把我培养成了一个性格坚韧，不骄不躁，踏实有耐心、有责任心，具有很强的社交能力和积极向上的生活意念的青年。在即将走上社会之际，我希望得到您的认可和信任。我郑重地呈上这份简历，并真诚地希望能融进贵公司奋发前进的急流中，期盼贵公司能给我展示能力的机会。

　　谨向您和贵公司致以最诚挚的敬意和良好的祝愿！

　　此致

敬礼！

自荐人：张小熙

2016 年 6 月 20 日

图 3-3　自荐信

任务要点

➢　能够撰写自荐信内容。

> 能够对文本进行编辑和格式排版。
> 能够插入图形、图片并进行编辑。
> 能够合理地进行版面设计和色彩搭配。

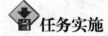
任务实施

1. 准备工作

(1) 新建文件，将文档以"自荐信.docx"为名保存在"项目四"文件夹中。

(2) 进行页面设置：纸张大小为 A4，上下左右页边距均为 2 厘米，纸张方向为"纵向"，设置装订线距离为 0.5 厘米，左侧装订。

2. 撰写自荐信文本内容

自荐信的文本内容通常包括标题、称谓、正文、结尾以及署名和日期五个部分。

标题即在第一行中间写上"自荐信"三个字。

称谓是对受信人的称呼，写在第一行，要顶格写受信者单位名称或个人姓名。

正文要另起一行，空两格开始写求职信的内容。正文内容较多，要分段写。具体内容主要包括下面几部分：

(1) 求职目标。

对于刚走出校门的学生来说，缺乏的是工作经验。所以在此内容里面要体现学生自己对获得工作的希望和工作信心。

(2) 在校经历。

把自己在学校做过的事情，参加过的重要社团体现在此内容中。

(3) 专业技能。

如果自己在校取得过各类证书，并学得了技术专长，通晓了其他的语言，一定要体现在自荐书的内容中，这样会让用人单位对自己留下深刻印象。

署名和日期即写信人的姓名和成文日期，通常写在信的右下方。姓名写在上面，成文日期写在姓名下面。

3. 设置自荐信的正文格式

(1) 称谓：左对齐。

(2) 正文、此致格式：首行缩进 2 字符。

(3) 敬礼格式：左对齐。

(4) 署名和日期：右对齐。

(5) 根据自荐信字数的多少，自定字体、字号、行距，整体排版效果好，美观和谐。

※重点提示

> 自荐信是信函类文件，正文字体通常选用宋体、楷体、仿宋字为宜。A4 纸内的文稿，正文的字号通常根据字数的多少，选择"五号"、"小四号"或者最大不超过"四号"字；行距通常为"单倍行距"或"1.5 倍行距"，或 20～26 磅。

4. 制作自荐信的背景

(1) 顶部区域制作。

① 插入矩形并设置格式：高 3.16 厘米，宽 21.4 厘米；无轮廓，填充颜色为(R=47，G=99，B=160)；在页面中的位置为水平相对于页面左右居中；垂直相对于页面顶端对齐。

② 插入椭圆并设置格式：高 1.77 厘米，宽 21.4 厘米；无轮廓，填充颜色为(R=47，G=99，B=160)；在页面中的位置为水平相对于页面左右居中；垂直距页面下侧 2.23 厘米。

③ 组合矩形和椭圆，并设置组合后对象的环绕方式为"衬于文字下方"。

(2) 底部区域制作。

复制上面的矩形并修改格式：高 2.18 厘米；环绕方式为"四周型环绕"；在页面中的位置为水平相对于页面左右居中；垂直相对于页面底端对齐。

5. 设置自荐信的标题部分格式

(1) 插入文本框并设置文本框格式：高 2.5 厘米，宽 6.7 厘米；无轮廓，无填充；内部边距全部为 0 厘米。

(2) 在文本框中输入文本并设置格式：华文楷体、48、白色、加粗；调整文字宽度为 3.2 字符。

(3) 设置文字在文本框中的位置为：水平居中，垂直中部对齐。

(4) 设置文本框在页面中的位置：相对于组合后的顶部背景区域，水平左右居中，垂直上下居中。

6. 打印预览，修改、调整各部分格式

保存文件，预览打印效果，如果不满意，进行修改、调整，直到满意为止。满意后，可以将文件打印并装订，以供求职或面试时使用。

任务 3　一页纸简历的设计制作

**任务描述**

简历如同求职的一块敲门砖，重要性不言而喻。筑好这块敲门砖是每一个求职者必备的技能。

简历不求多，一页纸足够。因为 HR 一般只会花 20 秒来扫视一下你的简历，然后决定是否要面试你，所以你的简历不是被阅读，而只是被扫描。这就要求我们的简历简练精悍、版面设计美观大方、赏心悦目，色彩搭配协调，字体选择合理，信息完整、清晰、全面。

现在，请你以求职毕业生的身份，结合自己的实际情况，设计制作自己的一页纸简历。

"一页纸简历"样文

**作品展示**

"一页纸简历"最终效果如图 3-4 所示。

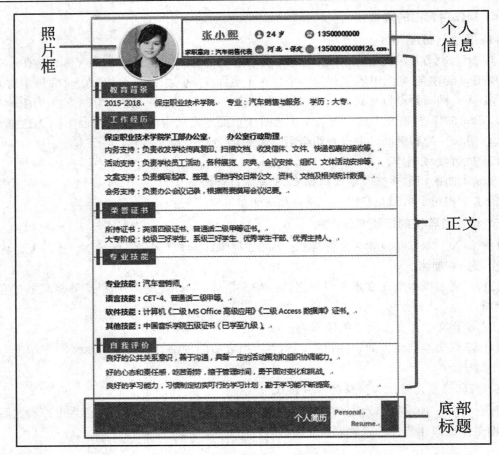

图 3-4 "一页纸简历"样文及各项元素

任务要点

➢ 能够撰写和设计一页纸简历。

➢ 能够插入图形、图片并进行编辑。

➢ 能够综合利用表格进行页面排版布局。

➢ 能够合理地进行页面的设置和打印设置。

➢ 合理地进行版面设计和色彩搭配。

任务实施

1. 准备工作

(1) 新建文件，将文件以"一页纸简历.docx"为名保存在"项目四"文件夹中。

(2) 进行页面设置：纸张大小为 A4，上下左右页边距均为 0 厘米，纸张方向为"纵向"。

(3) 确定好一页纸简历的主题和色调。

(4) 从网上搜索与主题相符或者与文字表达寓意相符的图片、图标等素材，将其下载下来，保存到相应的文件夹中备用。

(5) 确定好一页纸简历各部分文字、图片的位置以及版面的整体结构。

2. 设计、制作一页纸简历的各项元素和内容

在确定好封面主题、色调，以及准备好相关图片素材后，就可以按照工作过程开始设计、制作一页纸简历的各项元素和内容了。该任务制作的一页纸简历样文及涉及的元素和内容如图 3-4 所示：

(1) 个人信息的设计制作。

① 插入一个 5(列)×2(行)的表格，设置表格的单元格边距全部为 0 厘米。文字在单元格中水平居中。

② 参照图 3-4，在表格中插入相应图标，输入相应文本，并设置图标和文本格式。

③ 根据表格内容调整表格的行高和列宽。

④ 设置表格的文字环绕方式为"环绕"，然后利用"表格定位"对话框，如图 3-5 所示，调整表格在页面中的位置。

⑤ 将表格的边框线全部设置为"无"。

图 3-5 "表格定位"对话框

(2) 照片框的设计制作。

① 插入圆形并设置格式：大小为 4×4 厘米；形状样式为"浅色 1 轮廓，彩色填充—蓝色，强调颜色 1"；形状填充为个人照片。

② 参照图 3-4，调整照片框在页面中的位置。

(3) 正文的设计制作。

① 插入一个 9(列)×30(行)的表格，并设置表格的单元格边距全部为 0 厘米。

② 根据窗口自动调整表格。

③ 参照图 3-6 合并相应单元格，并填充相应单元格。填充颜色为(R=47，G=99，B=160)。

④ 参照图 3-4，在表格中插入相应文本并设置格式，并调整表格的行高为最适合的高度。

⑤ 参照图 3-4，设置表格的边框线。

⑥ 利用"表格定位"对话框，调整表格在页面中的位置：水平方向相对于页面左右居中，垂直方向根据实际情况调整。

(4) 底部标题的设计制作。

① 插入矩形并设置格式：大小为高 2.17 厘米，宽 21.8 厘米；无轮廓，填充颜色为(R=47，

G=99，B=160)。

② 设置矩形在页面中的位置：水平为相对于页面左右居中，垂直为相对于页面底端对齐。

③ 插入文本框并输入"个人简历"和"Personal Resume"文本，参照响应 3-4 设置文本框和文本的格式。

④ 参照图 3-4 调整矩形和两个文本框的位置，并组合；设置组合后的对象水平上相对于页面左右居中，垂直上相对于页面底端对齐。

3. 打印预览，修改、调整各部分格式

保存文件，预览打印效果，如果不满意，进行修改、调整，直到满意为止。调整结构后的表格如图 3-6 所示。

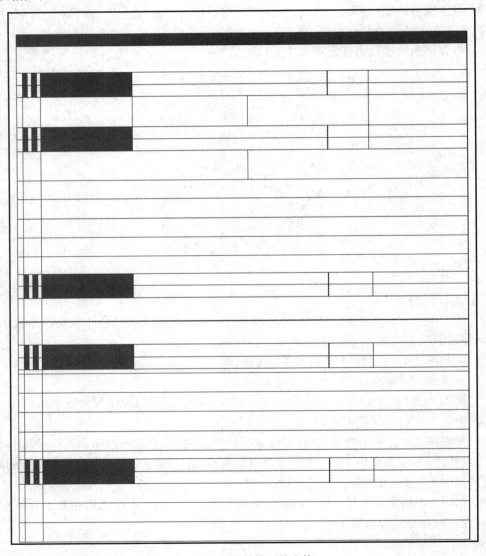

图 3-6　调整结构后的表格

拓展任务 1　制作各种类型的文档封面

1. 利用 Microsoft Office 提供的"插入→封面"功能来制作简历封面，系统自带很多封面类型，样式很多，可以根据自己的风格和求职意向选择合适的封面，还可以根据自己的实际需要来对封面"模板"进行修改。

2. 尝试制作其他类型的封面，比如杂志封面、书籍封面等，通过封面的设计制作，巩固艺术字、图形、图片、文本框等元素的格式设置方法，掌握版面设计和色彩搭配的方法，体会封面设计的创意和表现手法。

拓展任务 2　利用简历模板制作个人简历文档

利用 Microsoft Office 提供的简历模板来制作个人简历。单击"文件→新建"命令，在"Office.com 模板"对话框中输入关键词"简历"后回车，即可看到系统自带的很多简历类型，样式很多，可以根据自己的风格和求职意向选择合适的简历，还可以根据自己的实际需要来对简历"模板"进行修改。

单元 4　公司员工工资管理

员工工资统计是公司中非常重要且繁琐的工作，Excel 2010 电子表格制作软件不仅满足了公司的统计要求，并可达到操作过程直观、方便、快捷、安全的要求，准确度高，实现了公司人员管理的系统化、规范化和自动化，充分提高了工作效率。

情景导入

本单元用 Excel 2010 对公司员工的人员和工资进行管理、统计、分析，从而提高工作效率。其内容主要包括工作表和工作簿的基本操作，常用公式和函数的使用，以及对数据进行排序、分类汇总、建立图表、筛选、建立数据透视表等操作。

学习要点

➤ 学会工作表的各种基本操作。

➤ 常用公式和函数的使用。

➤ 对表格中的数据进行排序、分类汇总、筛选并建立数据透视表等。

➤ 利用图表和数据透视图等对数据进行分析。

➤ 通过页面设置和插入图形等设置查询界面和打印界面。

任务 1　制作公司员工基本信息表

任务描述

某公司采用 Excel 2010 来管理、统计员工的基本信息，会计小张的首要任务就是完成公司员工基本信息表的制作，包括数据的录入、表格的美化等一系列的工作。

作品展示

图 4-1 所示是制作的公司员工基本信息表，本任务是将图中所示的数据录入到工作表中，并对工作表进行格式化。

	A	B	C	D	E	F	G	H	I	J
1	员工基本信息表									
2	员工编号	姓名	身份证号	性别	出生日期	部门	职务	学历	工作日期	工龄(年)
3	0001	张晨辉	130637197011050016	男	1970年11月05日	机关	总经理	研究生	2001/8/15	16
4	0002	曾冠琛	130603197212092110	男	1972年12月09日	销售部	部门经理	研究生	2004/9/7	13
5	0003	关俊民	130600197512182437	男	1975年12月18日	客服中心	部门经理	本科	2001/12/6	16
6	0004	曾丝华	14020319860405432x	女	1986年04月05日	客服中心	普通员工	本科	2010/1/16	8
7	0005	张辰哲	130636197305238615	男	1973年05月23日	技术部	部门经理	大专	2002/2/10	16
8	0006	孙娜	130625199302230423	女	1993年02月23日	客服中心	普通员工	大专	2014/3/10	4
9	0007	丁怡瑾	130634197108230922	女	1971年08月23日	业务部	部门经理	研究生	2003/4/8	14
10	0008	蔡少娜	130634197102020921	女	1971年02月02日	后勤部	部门经理	研究生	2003/4/8	14
11	0009	吴小杰	13063219750404062x	女	1975年04月04日	机关	部门经理	本科	2003/6/7	14
12	0010	肖羽雅	130638199009108521	女	1990年09月10日	后勤部	文员	大专	2014/7/9	3
13	0011	甘晓聪	130622198506217024	女	1985年06月21日	机关	文员	中专	2009/8/11	8
14	0012	乔萌	130630198806060023	女	1988年06月06日	后勤部	技工	大专	2010/9/4	7
15	0013	郑浩	130633197107055276	男	1971年07月05日	产品开发部	部门经理	研究生	2004/2/7	13
16	0014	陈芳芳	130621198307297525	女	1983年07月29日	销售部	业务员	本科	2007/1/9	11
17	0015	韩世伟	130624197008212850	男	1970年08月21日	技术部	总工程师	研究生	2004/2/11	14
18	0016	郭玉涵	130622197502147823	女	1975年02月14日	技术部	工程师	研究生	2002/4/12	16
19	0017	何军	130638198906096510	男	1989年06月09日	销售部	业务员	本科	2010/4/13	7
20	0018	郑丽君	130625197511234322	女	1975年11月23日	人事部	部门经理	本科	2002/5/7	15
21	0019	罗益美	130681198106111046	女	1981年06月11日	销售部	业务员	本科	2005/6/11	12
22	0020	张天阳	130602197807283658	男	1978年07月28日	销售部	业务员	本科	2003/7/3	14

图 4-1   "员工基本信息表"效果图

任务要点

> 启动 Excel 2010,新建工作簿。
> 输入各种类型数据及数据有效性的使用。
> 公式及函数的用法。
> 格式化工作表。
> 保存工作簿。

任务实施

1. 启动 Excel 2010

启动 Excel 2010,系统自动建立一个名称为"工作簿 1"的新工作簿文件,将工作簿文件保存并重命名为"公司员工工资管理"。

2. 输入数据

在 Sheet1 工作表中执行以下操作,输入数据。

步骤 1:输入表格标题及列标题。在 A1 单元格输入表格标题"员工基本信息表",在 A2:J2 单元格区域输入列标题,如图 4-2 所示。

	A	B	C	D	E	F	G	H	I	J
1	员工基本信息表									
2	员工编号	姓名	身份证号	性别	出生日期	部门	职务	学历	工作日期	工龄(年)

图 4-2   输入表格标题及列标题

步骤 2:填充"员工编号"列数据。

设置"员工编号"列数据"前置零"效果并利用自动填充功能来完成。

操作方法如下:

(1) 选中 A3:A22 单元格区域,打开"设置单元格格式"对话框,在"分类"列表中选择"自定义",在"类型"编辑框中输入"0000",如图 4-3 所示,然后单击"确定"按钮。

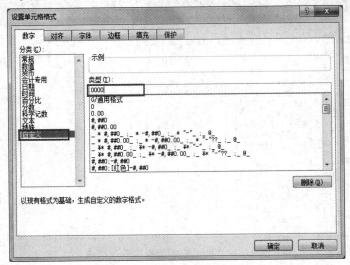

图 4-3　设置数字格式

(2) 在 A3 单元格输入 1,然后将鼠标移动到 A3 单元格右下角的填充柄上,当鼠标指针变为实心的十字形后按住鼠标左键向下拖动到 A22 单元格。

步骤 3: 按照效果图 4-1 所示输入"姓名"列数据。

步骤 4: 在"身份证号"列输入数据。先设置"身份证号"列单元格格式为"文本"类型,然后按照效果图 4-1 所示输入员工身份证号。

步骤 5: 通过设置数据有效性的方法来填充"性别"列数据。

(1) 设置数据有效性:选中 D3:D22 单元格区域,单击"数据"选项卡"数据工具"组中的"数据有效性"按钮,打开"数据有效性"对话框,在"设置"选项卡的"允许"下拉列表选择"序列"项,然后在"来源"编辑框中依次输入"男,女",注意各值之间用英文半角逗号隔开,如图 4-4 所示。

(2) 设置单元格输入时的提示信息:在"输入信息"选项卡的"输入信息"编辑框中输入"请在下拉列表中选择性别!",如图 4-5 所示。

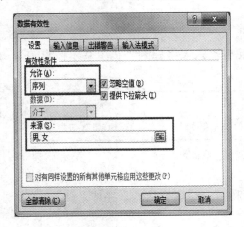

图 4-4　设置数据有效性

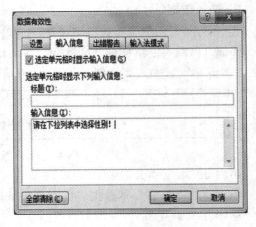

图 4-5　设置提示信息

（3）单击"确定"按钮，完成数据的有效性设置。按照效果图4-1通过选择性别来完成"性别"列的输入，并且单击"性别"列要输入数据的单元格时，会出现提示信息，效果如图4-6所示。

图4-6　输入"性别"列数据

步骤6： 利用 MID 函数从"身份证号"中提取"出生日期"，如图4-7所示。

$$=MID(C3,7,4)\&″年″\&MID(C3,11,2)\&″月″\&MID(C3,13,2)\&″日″$$

图4-7　利用"身份证号"提取"出生日期"

※重点提示

> MID 函数主要功能：从一个文本字符串的指定位置开始，截取指定数目的字符。
>
> 使用格式：MID(text,start_num,num_chars)
>
> 参数说明：text 代表一个文本字符串；start_num 表示指定的起始位置；num_chars 表示要截取的数目。
>
> &：文本运算符，将两个字符串连接成一个字符串。

步骤7： 为"部门"列设置数据有效性并输入数据，方法同"性别"列，效果如图4-8所示。

图4-8　设置"部门"的数据有效性

步骤8： 为"职务"列设置数据有效性及出错警告并输入数据。

（1）将"资料"工作表从素材文件夹复制到"公司员工工资管理"工作簿文件，然后设置其数据有效性，"来源"为"资料表"的 A3:A12 单元格区域，如图4-9所示。

（2）设置出错警告，一旦输入不合法就启动出错警告，方法如图4-10所示。

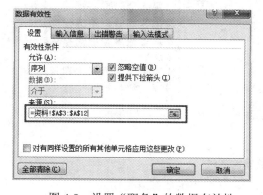

图4-9　设置"职务"的数据有效性

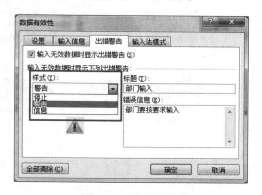

图4-10　设置出错警告

步骤 9：为"学历"列设置数据有效性并输入数据，方法同"职务"列，从"资料"工作表中引用数据，仿照"职务"列设置出错警告。

步骤 10：按照效果图 4-1 完成"工作日期"列的输入并设置所需要的格式。

步骤 11：利用 DATEDIF 函数从"工作日期"中计算"工龄"列数据。(注意：本人已经过生日才算增长一岁。)选中 J2 单元格，输入公式，如图 4-11 所示，计算出 J2 单元格，再通过复制公式计算其他员工工龄。

=DATEDIF(I3,TODAY(),″y″)

图 4-11　计算"工龄"列数据

※重点提示

> DATEDIF 函数的功能：返回两个日期参数的差值。
> 语法：DATEDIF(date1,date2,"y")；DATEDIF(date1,date2,"m")；
> DATEDIF(date1,date2,"d")；
> 其中：date1 表示前面的日期，date2 表示后面一个日期，y(m,d)要求返回两个日期相差的年(月，天)数。
> 注意：这是 Excel 中的一个隐藏函数，在函数向导中找不到，可以直接输入使用，对于计算年龄、工龄等非常有效。

3. 设置表格格式化

步骤 1：设置标题格式。将 A1:J1 单元格区域"合并后居中"，设置其字符格式为宋体、加粗，12 磅；设置行高为 19.5 磅。

步骤 2：设置数据区域格式。设置 A2:J22 单元格区域"垂直居中"、"水平居中"，并设置其字符格式为 10 磅，宋体，行高 14.5 磅，自动调整列宽。

步骤 3：给表格添加边框。给 A1:J22 单元格区域添加单实线框线。

步骤 4：为表格相关单元格添加底纹。A1:J1 单元格区域，字体颜色"白色"；图案样式"75%"，图案颜色为标准色中的颜色，如图 4-12(a)所示；A2:J2 单元格区域，填充颜色为"浅绿"。

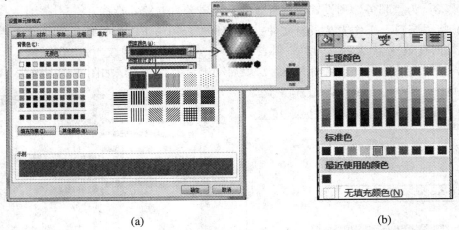

(a)　　　　　　　　　　　　　　　　(b)

图 4-12　设置底纹样式

至此完成公司"员工基本信息表"的制作，工作表效果如图 4-1 所示。

4. 重命名工作表并设置工作表标签颜色

右键单击"Sheet1"工作表标签，在弹出的快捷菜单中选择"重命名"选项，输入工作表名称"员工基本信息表"，按回车键即可。右击"Sheet1"工作表标签，在展开的列表中选择"工作表格标签颜色"，选择"浅蓝"，为工作表标签添加颜色。

按此方法可为后续工作表添加工作表标签颜色。

5. 保存工作簿

单击"文件→保存"菜单命令或单击快速访问工具栏的"保存"按钮。

※重点提示

工作表的重命名还可以用双击工作表标签，使工作表标签反白显示，然后输入新的文件名的方法来实现。

任务2　制作员工出勤表和员工业绩表

任务描述

公司"员工基本信息表"完成后，小张要解决的第二个任务是要完成10月份员工出勤表和员工业绩表。这两张表的完成可以引用"员工基本信息表"的数据，再通过公式和函数计算其他所需数据。

作品展示

图4-13是公司10月份员工出勤表，图4-14是公司10月份员工业绩表。

10月份员工出勤表								
员工编号	姓名	部门	职务	职务工资	事假	病假	应扣额	备注
0001	张晨辉	机关	总经理	¥5,000	0	0	¥　－	全勤
0002	曾冠琛	销售部	部门经理	¥3,000	0	0	¥　－	全勤
0003	关俊民	客服中心	部门经理	¥3,000	0	1	¥　50	
0004	曾丝华	客服中心	普通员工	¥1,500	0	0	¥　－	全勤
0005	张辰哲	技术部	部门经理	¥3,000	0	1	¥　50	
0006	孙娜	客服中心	普通员工	¥1,500	0	0	¥　－	全勤
0007	丁怡瑾	业务部	部门经理	¥3,000	0	1	¥　50	
0008	蔡少娜	后勤部	部门经理	¥3,000	0	0	¥　－	全勤
0009	吴小杰	机关	部门经理	¥3,000	2	0	¥　400	
0010	肖羽雅	后勤部	文员	¥1,500	1	0	¥　100	
0011	甘晓聪	机关	文员	¥1,500	2	0	¥　200	
0012	乔萌	后勤部	技工	¥2,000	2	0	¥　267	
0013	郑浩	产品开发部	部门经理	¥3,000	1	0	¥　200	
0014	陈芳芳	销售部	业务员	¥2,000	0	0	¥　－	全勤
0015	韩世伟	技术部	总工程师	¥5,000	0	1	¥　83	
0016	郭玉涵	技术部	工程师	¥3,000	0	0	¥　－	全勤
0017	何军	销售部	业务员	¥2,000	0	1	¥　33	
0018	郑丽君	人事部	部门经理	¥3,000	1	1	¥　250	
0019	罗益美	销售部	业务员	¥2,000	0	1	¥　33	
0020	张天阳	销售部	业务员	¥2,000	2	1	¥　300	
					员工人数	事假人数	病假人数	扣款最多	全勤个数
					20	7	8	¥　400	7

图4-13　10月份员工出勤表效果图

10月份员工业绩表						
员工编号	姓名	部门	职务	业绩额	业绩奖金	排名
0001	张晨辉	机关	总经理	10,000	¥ 1,000	5
0002	曾冠琛	销售部	部门经理	8,000	¥ 800	6
0003	关俊民	客服中心	部门经理	1,000	¥ 100	16
0004	曾丝华	客服中心	普通员工	0	¥ -	19
0005	张辰哲	技术部	部门经理	5,000	¥ 500	9
0006	孙娜	客服中心	普通员工	2,000	¥ 200	13
0007	丁怡瑾	业务部	部门经理	12,000	¥ 1,200	4
0008	蔡少娜	后勤部	部门经理	500	¥ 50	18
0009	吴小杰	机关	部门经理	2,000	¥ 200	13
0010	肖羽雅	后勤部	文员	0	¥ -	19
0011	甘晓聪	机关	文员	1,000	¥ 100	16
0012	齐萌	后勤部	技工	1,500	¥ 150	15
0013	郑浩	产品开发部	部门经理	7,000	¥ 700	7
0014	陈芳芳	销售部	业务员	20,000	¥ 2,000	1
0015	韩世伟	技术部	总工程师	7,000	¥ 700	7
0016	郭玉涵	技术部	工程师	3,500	¥ 350	11
0017	何军	销售部	业务员	4,000	¥ 400	10
0018	郑丽君	人事部	部门经理	2,500	¥ 250	12
0019	罗益美	销售部	业务员	13,000	¥ 1,300	3
0020	张天阳	销售部	业务员	16,000	¥ 1,600	2

图 4-14　10 月份员工业绩表效果图

任务要点

➤ 利用格式刷格式化表格。
➤ 引用其他工作表数据。
➤ 批注的使用。
➤ 公式计算数据。
➤ 常见函数的应用。

任务实施

1. 打开已有工作簿并命名工作表

打开"公司员工工资管理"工作簿文件，将"Sheet2"工作表重命名为"员工出勤表"，将"Sheet3"工作表重命名为"员工业绩表"。

2. 输入工作表基本数据及格式化

步骤 1：在"员工出勤表"工作表和"员工业绩表"工作表的单元格中输入标题及列标题。

步骤 2：用格式刷统一格式。选中"员工基本信息表"A1:J22 单元格区域，单击"开始"选项卡"剪贴板"组的"格式刷"按钮。

步骤 3：用格式刷复制格式。当鼠标指针呈现出一个加粗的"+"号和小刷子的组合形状时，单击"员工出勤表"工作表，拖动鼠标选择 A1:I22 单元格区域。松开鼠标后，格式将被复制到选中的目标区域。同样方法完成"员工业绩表"格式化。效果如图 4-15 所示。

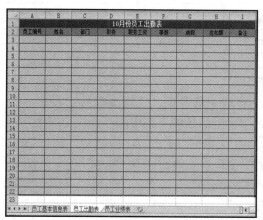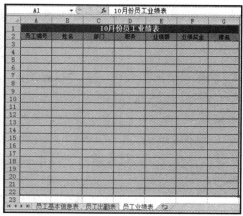

图 4-15　格式化后效果图

※重点提示

> 双击"格式刷"可以多次复制格式，使用完后，单击"格式刷"取消格式的复制。

3. 引用"员工基本信息表"数据完成两个表中前四个字段信息

步骤 1： 由于"员工出勤表"和"员工业绩表"两个表引用信息操作相同，可以让两个表设置为一组同时操作。单击"员工出勤表"工作表标签，然后按住 Shift 键的同时单击"员工业绩表"工作表标签，这样将两表成组，效果如图 4-16 所示。

图 4-16　成组工作表

步骤 2： 在"员工出勤表"工作表中单击 A3 单元格输入公式，引用"员工基本信息表" A3 单元格数据。同理分别在"员工出勤表"工作表中单击 B3、C3、D3 单元格输入公式，引用"员工基本信息表"B3、F3、G3 单元格数据。公式如图 4-17 所示。

| A3 | ▼ | f_x | =员工基本信息表!A3 | | B3 | ▼ | f_x | =员工基本信息表!B3 |
| C3 | ▼ | f_x | =员工基本信息表!F3 | | D3 | ▼ | f_x | =员工基本信息表!G3 |

图 4-17　直接引用单元格

步骤 3： 分别拖动 A3、B3、C3、D3 单元格右下角的填充柄向下填充。

步骤 4： 单击任意工作表标签，取消成组工作表状态，完成两个工作表前四个字段信息。

※重点提示

> ① Excel 中的公式必须以等号"="开头，由运算符、常量、变量、单元格引用地址、名称和函数等组成。
>
> ② Excel 中提供 4 种类型的运算符：算术运算符(+、−、*、/、^、%等)；比较运算符(=、<、>、<=、>=、<>)；文本运算符(&)；引用运算符(冒号":"、逗号",")。

③ 运算符的优先级由高到低依次为：引用运算符、算术运算符、文本运算符、比较运算符。如果是相同优先级的运算符，按照从左到右的顺序进行运算；若要改变运算顺序可以采用括号（ ）。

4. 计算"员工出勤表"中"职务工资"数据

下面利用 VLOOKUP 函数引用"资料"工作表中的数据，操作步骤如下：

步骤 1：选中 E3 单元格，单击"公式"选项卡"函数库"组中的"查找与引用"按钮，在展开的列表中单击"VLOOKUP"函数。

步骤 2：打开"函数参数"对话框，设置四个参数，如图 4-18 所示。单击"确定"按钮，即可得到计算结果。

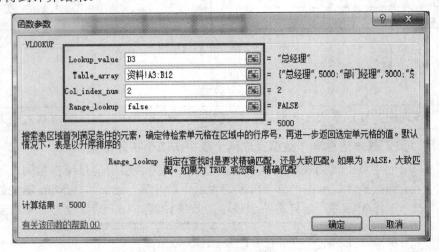

图 4-18　设置函数参数

※重点提示

VLOOKUP 函数

VLOOKUP (Lookup_value, Table_array, Col_index_num, Range_lookup)

Lookup_value：表示要查找的值，它可以为数值、引用或文字串。

Table_array：用于指示要查找的区域，查找的值必须位于这个区域的最左列。

Col_index_num：相对列号。最左列为 1，其右边一列为 2，依次类推。

Range_lookup：逻辑值，指明函数 VLOOKUP 查找时是精确匹配(FALSE)，还是近似匹配(TRUE)。

功能：用于在表格或数值数组的首列查找指定的数值，并由此返回表格或数值当前行中指定列处的数值。

步骤 3：双击 E3 单元格的填充柄，复制公式，如图 4-19 所示。结果出现了错误。产生错误是因为其他员工"职务工资"查找的区域本应不变，但是随着公式复制却发生了变化。当在函数或公式中没有可用数值时，将产生错误值#N/A。

	A	B	C	D	E	F	G
				10月份员工出勤表			
1	员工编号	姓名	部门	职务	职务工资	事假	病假
2							
3	0001	张晨辉	机关	总经理	5000		
4	0002	曾冠琛	销售部	部门经理	3000		
5	0003	关俊民	客服中心	部门经理	#N/A		
6	0004	曾丝华	客服中心	普通员工	1500		
7	0005	张辰哲	技术部	部门经理	#N/A		
8	0006	孙娜	客服中心	普通员工	1500		
9	0007	丁怡瑾	业务部	部门	#N/A		
10	0008	蔡少娜	后勤部	部门经理	#N/A		
11	0009	吴小杰	机关	部门经理	#N/A		
12	0010	肖羽雅	后勤部	文员	#N/A		
13	0011	甘晓聪	机关	文员	#N/A		
14	0012	齐萌	后勤部	技工	#N/A		
15	0013	郑浩	产品开发部	部门经理	#N/A		
16	0014	陈芳芳	销售部	业务员	#N/A		
17	0015	韩世伟	技术部	总工程师	#N/A		
18	0016	郭玉函	技术部	工程师	#N/A		
19	0017	何军	销售部	业务员	#N/A		
20	0018	郑丽君	人事部	部门经理	#N/A		
21	0019	罗益美	销售部	业务员	#N/A		
22	0020	张天阳	销售部	业务员	#N/A		

E9 =VLOOKUP(D9,资料!A9:B18,2,FALSE)

图 4-19 其他员工得到错误结果

步骤 4： 修改 Table_array 参数保持不变。选中 E3 单元格，修改公式，可以采用两种方法实现。

第一种方法采用绝对引用，修改公式如图 4-20 所示。

E3 =VLOOKUP(D3,资料!$A$3:$B$12,2,FALSE)

图 4-20 绝对引用

第二种方法自定义单元格区域。单击"资料"工作表，选择 A3:B12 单元格区域，单击名称框输入"职务工资"，按回车键确定，如图 4-21 所示。

	职务工资
	名称框
1	职务工资
2	职务	基本工资
3	总经理	5000
4	部门经理	3000
5	总工程师	5000
6	工程师	3000
7	助理工程师	2000
8	业务主管	3000
9	业务员	2000
10	技工	2000
11	文员	1500
12	普通员工	1500

图 4-21 自定义单元格区域名称

选中 E3 单元格，修改公式如图 4-22 所示。

E3 =VLOOKUP(D3,职务工资,2,FALSE)

图 4-22 自定义单元格区域名称

步骤 5：采用以上任何一种方法修改后，再双击 E3 单元格的填充柄，复制公式，完成"职务工资"列输入。

5. 用公式计算"员工出勤表"中"应扣额"数据

步骤 1：按图 4-13 所示，在"员工出勤表"中按实际情况输入 10 月份员工的事假、病假数据。假设每天的工资为"职务工资"除以 30 天，事假一天扣两天的工资，病假一天扣半天的工资。

步骤 2：在 H3 单元格输入公式"=E3/30*(2*F3+G3/2)"。确定后即可计算第一位员工的应扣额。

步骤 3：双击 H3 单元格的填充柄，复制公式，计算出其他员工的应扣额。

步骤 4：设置"应扣额"列数据的数字格式为"会计专用"，小数位数为 0 位，效果如图 4-13 所示。

6. 用函数计算"员工出勤表"中"备注"数据

步骤 1：为"备注"列标题插入批注，选中 I2 单元格，单击"审阅"选项卡"批注"组中的"新建批注"按钮，如图 4-23(a)所示。在出现的批注框中输入：如果全勤者备注处书写"全勤"，否则为空。可看到，添加批注的单元格其右上角出现红色的三角形，如图 4-23(b)所示。

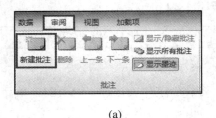 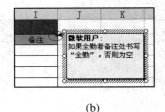

(a)   (b)

图 4-23　添加批注

步骤 2：用 IF 函数计算备注的内容，输入内容的条件是：如果全勤者备注处书写"全勤"，否则为空。

(1) 选中 I3 单元格，单击"公式"选项卡"函数库"组中的"逻辑"按钮，在展开的列表中单击"IF"函数。

(2) 打开"函数参数"对话框，设置函数参数如图 4-24 所示。

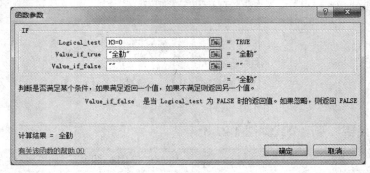

图 4-24　设置函数参数

（3）单击"确定"按钮，即可得到计算结果，然后双击 I3 单元格的填充柄，复制公式得到其他员工备注信息。

步骤 3：设置"备注"列条件格式，条件是"备注"信息为"全勤"，设置格式为"黄填充色深黄色文本"。

（1）先选中 I3:I22 单元格区域，单击"开始"选项卡"样式"组中的"条件格式"按钮。选中"突出显示单元格规则"，再单击"等于"选项，如图 4-25 所示。弹出"等于"对话框。

（2）在文本框内输入要等于的数据或选中满足条件的单元格，如选中 I4，在"设置为"选择符合条件的文本框的格式，如图 4-26 所示。

图 4-25　条件格式按钮

图 4-26　设置条件格式

（3）单击"确定"按钮，效果如图 4-13 所示。

7. 用函数计算"员工出勤表"中统计表格数据

步骤 1：设置统计表格，选中 E24:I25 单元格区域创建统计表格，标题为宋体、11 磅 、设置边框，如图 4-27 所示。

员工人数	事假人数	病假人数	扣款最多	全勤个数

图 4-27　设置统计表格

步骤 2：选中 E25 单元格，用 COUNT 函数统计"员工人数"。

（1）单击"公式"选项卡"函数库"组的"其他函数"，在列表中选择"统计"，然后在展开的列表中单击"COUNT"函数项，打开"函数参数"对话框，设置参数如图 4-28 所示。

（2）单击"确定"按钮，即可得到计算结果。设置数字格式为"常规"类型。

同样可以用"COUNTA"函数统计"员工人数"，在"函数参数"对话框 Value 后的文本框内可以选 E3:E22 单元格区域或 B3:B22 单元格区域。其他操作仿照"COUNT"函数。与 COUNT 函数的不同点是，COUNTA 函数统计的是非空值，而 COUNT 函数统计的是包含数值的单元格个数。

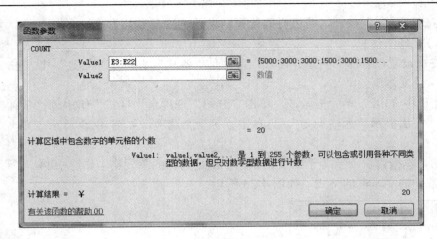

图 4-28　设置函数参数

※重点提示

COUNT 函数

语法：COUNT(参数 1，参数 2，…)。

功能：统计指定单元格区域中包含数值的单元格个数。只有数值型数据才被统计。

COUNTA 函数

语法：COUNTA(参数 1，参数 2，…)。

功能：统计指定的单元格区域中包含非空值的单元格个数，单元格的类型不限。

步骤 3： 选中 F25 单元格，用 COUNTIF 函数统计"事假人数"。

(1) 采用以上方法在"统计"列表中单击"COUNTIF"函数项。打开"函数参数"对话框，设置参数如图 4-29 所示。

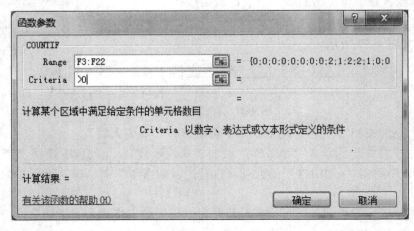

图 4-29　设置函数参数

(2) 单击"确定"按钮，此时编辑栏中显示的函数为"=COUNTIF(F3:F22，">0")"。即可得到计算结果，如图 4-30 所示。设置数字格式为"常规"类型。

员工人数	事假人数	病假人数	扣款最多	全勤个数
20	7			

图 4-30   事假人数结果

步骤 4：选中 G25 单元格，仿照以上方法用 COUNTIF 函数统计"病假人数"，编辑栏中的函数为"=COUNTIF(G3:G22，">0")"。

步骤 5：选中 I25 单元格，仿照以上方法用 COUNTIF 函数统计"全勤个数"，编辑栏中的函数为"=COUNTIF(I3:I22，"全勤")"。效果如图 4-31 所示。

员工人数	事假人数	病假人数	扣款最多	全勤个数
20	7	8		7

图 4-31   COUNTIF 函数计算结果

※重点提示

COUNTIF 函数

语法：COUNTIF(Range，Criteria)。

其中：Range 指定单元格区域，Criteria 表示指定的条件表达式。

功能：统计单元格区域中满足给定条件的单元格个数。

步骤 6：选中 H25 单元格，用 MAX 函数统计"扣款最多"。

(1) 采用以上方法在"统计"类别中选择"MAX"函数，打开"函数参数"对话框，设置函数如图 4-32 所示。

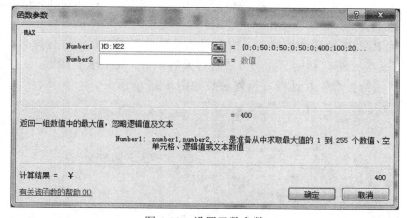

图 4-32   设置函数参数

(2) 单击"确定"按钮，即可得到计算结果，如图 4-33 所示。

员工人数	事假人数	病假人数	扣款最多	全勤个数
20	7	8	¥ 400	7

图 4-33   设置函数参数

至此，员工出勤表制作完成。

※重点提示

MAX、MIN 函数

语法：MAX(参数 1，参数 2，…)求最大值；MIN(参数 1，参数 2，…)求最小值。

功能：求参数序列中的最大值或最小值。"参数 1，参数 2，…"为求最大值或最小值的参数序列。参数可以是数字、单元格区域等。

8. 用公式计算"员工业绩表"中"业绩奖金"数据

步骤 1： 在"员工出勤表"中按实际情况输入员工的业绩额。选中 E3:E22 单元格区域，设置数字类型为数值类型，保留 0 位小数，使用千分位格式。设置效果参照图 4-14。

步骤 2： 本例假设员工的业绩奖金为"业绩额"的 10%。计算"业绩奖金"的操作步骤如下：

(1) 在 F3 单元格输入公式"=E3*0.1"，确定后即可得到计算结果，如图 4-34 所示。

图 4-34　计算第一个员工的业绩额

(2) 双击 F3 单元格的填充柄，可复制公式计算其他员工的业绩奖金。

(3) 设置"业绩奖金"列数据的数字格式为"会计专用"，小数位数为 0 位。

9. 用函数计算"员工业绩表"中"排名"数据

步骤 1： 仿照"员工出勤表"中"备注"列，为"排名"列标题插入批注，批注内容为"按业绩奖金排名"。

步骤 2： 用 RANK 函数计算排名，根据"业绩奖金"由高到低进行排名。

(1) 选中 G3 单元格，利用前面的方法选择兼容函数"RANK"函数。

(2) 打开"函数参数"对话框，设置参数如图 4-35 所示。

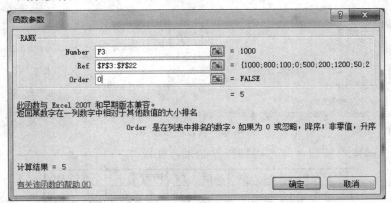

图 4-35　设置函数参数

(3) 单击"确定"按钮，即可得到计算结果，再双击 G3 单元格的填充柄，复制公式得到其他员工排名信息。

至此，员工业绩表制作完成。

※重点提示

> RANK 函数
>
> 语法：RANK(Number，Ref，Order)。
>
> Number：需要找到排位的数字。Ref：数字列表数组或对数字列表的引用。Order：一个数字，指明排位的方式。如果 Order 为 0 或省略，则按照降序排列；如果 Order 不为零，则按照升序排列。
>
> 功能：排位名次函数，用于返回一个数值在一组数值中的排序，排序时不改变该数值原来的位置。

任务 3 制作基本工资及社会保险表、工资总表

任务描述

小张从人事部门获取员工基本工资及社会保险情况，然后据此建立基本工资及社会保险表，准备结合前面的出勤和业绩两张表创建员工工资总表，这样可以自动完成员工工资的相关统计工作，确保工资核算的准确性，提高管理效率。

作品展示

图 4-36 是基本工资及社会保险效果图，图 4-37 是 10 月份员工工资总表效果图。

| | | | | | | | 基本工资及保险 | | | | | |
员工编号	姓名	工龄(年)	学历	职务工资	工龄工资	学历工资	基本工资	养老保险	医疗保险	失业保险	住房公积金	社会保险
0001	张晨辉	16	研究生	¥5,000	¥1,000	¥1,000	¥7,000	¥ 560	¥ 140	¥ 70	490	¥1,260
0002	曾冠琛	13	研究生	¥3,000	¥ 800	¥1,000	¥4,800	¥ 384	¥ 96	¥ 48	336	¥ 864
0003	关俊民	16	本科	¥3,000	¥1,000	¥ 700	¥4,700	¥ 376	¥ 94	¥ 47	329	¥ 846
0004	曾丝华	8	本科	¥1,500	¥ 500	¥ 700	¥2,700	¥ 216	¥ 54	¥ 27	189	¥ 486
0005	张辰哲	16	大专	¥3,000	¥1,000	¥ 500	¥4,500	¥ 360	¥ 90	¥ 45	315	¥ 810
0006	孙娜	4	大专	¥1,500	¥ 200	¥ 500	¥2,200	¥ 176	¥ 44	¥ 22	154	¥ 396
0007	丁怡瑾	14	研究生	¥3,000	¥ 800	¥1,000	¥4,800	¥ 384	¥ 96	¥ 48	336	¥ 864
0008	蔡少娜	14	研究生	¥3,000	¥ 800	¥1,000	¥4,800	¥ 384	¥ 96	¥ 48	336	¥ 864
0009	吴小杰	14	本科	¥3,000	¥ 800	¥ 700	¥4,500	¥ 360	¥ 90	¥ 45	315	¥ 810
0010	肖羽雅	3	大专	¥1,500	¥ 200	¥ 500	¥2,200	¥ 176	¥ 44	¥ 22	154	¥ 396
0011	甘晓聪	8	中专	¥1,500	¥ 500	¥ 300	¥2,300	¥ 184	¥ 46	¥ 23	161	¥ 414
0012	乔萌	7	大专	¥2,000	¥ 500	¥ 500	¥3,000	¥ 240	¥ 60	¥ 30	210	¥ 540
0013	郑浩	13	研究生	¥3,000	¥ 800	¥1,000	¥4,800	¥ 384	¥ 96	¥ 48	336	¥ 864
0014	陈芳芳	11	本科	¥2,000	¥ 800	¥ 700	¥3,500	¥ 280	¥ 70	¥ 35	245	¥ 630
0015	韩世伟	14	研究生	¥5,000	¥ 800	¥1,000	¥6,800	¥ 544	¥ 136	¥ 68	476	¥1,224
0016	郭玉涵	16	研究生	¥3,000	¥1,000	¥1,000	¥5,000	¥ 400	¥ 100	¥ 50	350	¥ 900
0017	何军	7	本科	¥2,000	¥ 500	¥ 700	¥3,200	¥ 256	¥ 64	¥ 32	224	¥ 576
0018	郑丽君	15	本科	¥3,000	¥1,000	¥ 700	¥4,700	¥ 376	¥ 94	¥ 47	329	¥ 846
0019	罗益美	12	本科	¥2,000	¥ 800	¥ 700	¥3,500	¥ 280	¥ 70	¥ 35	245	¥ 630
0020	张天阳	14	本科	¥2,000	¥ 800	¥ 700	¥3,500	¥ 280	¥ 70	¥ 35	245	¥ 630

图 4-36 基本工资及保险效果图

10 月份员工工资总表

								10月份员工工资总表		
员工编号	姓名	部门	基本工资	业绩奖金	社会保险	考勤扣款	应发工资	内纳税工资额(元)	个人所得税	实发工资
0001	张晨辉	机关	¥ 7,000.00	¥ 1,000.00	¥ 1,260.00	¥ -	¥ 6,740.00	¥ 3,240.00	¥ 219.00	¥ 6,521.00
0002	曾冠琛	销售部	¥ 4,800.00	¥ 800.00	¥ 864.00	¥ -	¥ 4,736.00	¥ 1,236.00	¥ 37.08	¥ 4,698.92
0003	关俊民	客服中心	¥ 4,700.00	¥ 100.00	¥ 846.00	¥ 50.00	¥ 3,904.00	¥ 404.00	¥ 12.12	¥ 3,891.88
0004	曾丝华	客服中心	¥ 2,700.00	¥ -	¥ 486.00	¥ -	¥ 2,214.00	¥ -	¥ -	¥ 2,214.00
0005	张辰皙	技术部	¥ 4,500.00	¥ 500.00	¥ 810.00	¥ 50.00	¥ 4,140.00	¥ 640.00	¥ 19.20	¥ 4,120.80
0006	孙鄹	客服中心	¥ 2,200.00	¥ 200.00	¥ 396.00	¥ -	¥ 2,004.00	¥ -	¥ -	¥ 2,004.00
0007	丁怡瑾	业务部	¥ 4,800.00	¥ 1,200.00	¥ 864.00	¥ 50.00	¥ 5,086.00	¥ 1,586.00	¥ 53.60	¥ 5,032.40
0008	蔡少卿	后勤部	¥ 4,800.00	¥ 50.00	¥ 864.00	¥ -	¥ 3,986.00	¥ 486.00	¥ 14.58	¥ 3,971.42
0009	吴小杰	机关	¥ 4,500.00	¥ 200.00	¥ 810.00	¥ 400.00	¥ 3,490.00	¥ -	¥ -	¥ 3,490.00
0010	肖羽雅	后勤部	¥ 2,200.00	¥ -	¥ 396.00	¥ 100.00	¥ 1,704.00	¥ -	¥ -	¥ 1,704.00
0011	甘晓聪	机关	¥ 2,300.00	¥ 100.00	¥ 414.00	¥ 200.00	¥ 1,786.00	¥ -	¥ -	¥ 1,786.00
0012	齐蕾	后勤部	¥ 3,000.00	¥ 150.00	¥ 540.00	¥ 266.67	¥ 2,343.33	¥ -	¥ -	¥ 2,343.33
0013	郑浩	产品开发部	¥ 4,800.00	¥ 700.00	¥ 864.00	¥ 200.00	¥ 4,436.00	¥ 936.00	¥ 28.08	¥ 4,407.92
0014	陈芳芳	销售部	¥ 3,500.00	¥ 2,000.00	¥ 630.00	¥ -	¥ 4,870.00	¥ 1,370.00	¥ 41.10	¥ 4,828.90
0015	韩世伟	技术部	¥ 6,800.00	¥ 700.00	¥ 1,224.00	¥ 83.33	¥ 6,192.67	¥ 2,692.67	¥ 164.27	¥ 6,028.40
0016	郭玉涵	技术部	¥ 5,000.00	¥ 350.00	¥ 900.00	¥ -	¥ 4,450.00	¥ 950.00	¥ 28.50	¥ 4,421.50
0017	何军	销售部	¥ 3,200.00	¥ 400.00	¥ 576.00	¥ 33.33	¥ 2,990.67	¥ -	¥ -	¥ 2,990.67
0018	郑丽君	人事部	¥ 4,700.00	¥ 250.00	¥ 846.00	¥ 250.00	¥ 3,854.00	¥ 354.00	¥ 10.62	¥ 3,843.38
0019	罗益美	销售部	¥ 3,500.00	¥ 1,300.00	¥ 630.00	¥ 33.33	¥ 4,136.67	¥ 636.67	¥ 19.10	¥ 4,117.57
0020	张天阳	销售部	¥ 3,500.00	¥ 1,600.00	¥ 630.00	¥ 300.00	¥ 4,170.00	¥ 670.00	¥ 20.10	¥ 4,149.90
		本月各项总计	¥ 82,500.00	¥ 11,600.00	¥ 14,850.00	¥ 2,016.67	77,233.33	¥ 15,201.33	¥ 667.35	¥ 76,565.99
		本月各项平均	¥ 4,125.00	¥ 580.00	¥ 742.50	¥ 100.83	¥ 3,861.67	¥ 760.07	¥ 33.37	¥ 3,828.30

图 4-37 10月份员工工资总表效果图

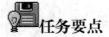
任务要点

- ➢ 多表之间引用数据。
- ➢ 利用公式计算数据。
- ➢ IF 函数的嵌套使用。
- ➢ VLOOKUP 函数的使用。
- ➢ 公式和函数的综合应用。

任务实施

1. 打开已有工作簿并命名工作表

步骤 1：打开工作簿文件"公司员工工资管理.xlsx"。

步骤 2：新建并命名工作表，新建两个工作表，并将新工作表分别重命名为"基本工资及社会保险"和"工资总表"。

2. 输入工作表基本数据及格式化

步骤 1：在"基本工资及社会保险"工作表和"工资总表"工作表的单元格中输入标题及列标题，如图 4-38 和如图 4-39 所示。

图 4-38 基本工资及社会保险基本数据

图 4-39 工资总表基本数据

步骤 2：仿照任务 2，利用格式刷统一工作表格式。

在"基本工资及社会保险"工作表中，由于超出格式刷刷出的单元格区域 A1:J22，出现再次重复格式，需要将第一行重新合并居中单元格，完成最终的格式化。

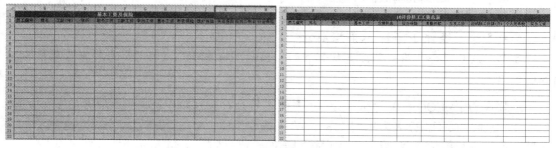

图 4-40 格式化后效果图

3. 计算"基本工资及社会保险"表中的各项数据

步骤 1：引用数据。

(1) 在"基本工资及社会保险"工作表中的 A3、B3、C3、D3、E3 单元格，分别引用"员工基本信息表"中的 A3、B3、J3、H3 和"员工出勤表"中的 E3 单元格数据。效果如图 4-41 所示。

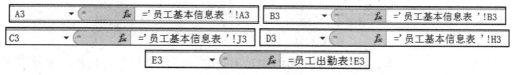

图 4-41 直接引用单元格

(2) 输完公式，可以分别双击 A3、B3、C3、D3 单元格右下角的填充柄复制公式。

步骤 2：用 IF 函数嵌套，计算"基本工资及社会保险"表中的"工龄工资"数据。

(1) 工龄工资计算方法如图 4-42 所示。

(2) 用 IF 函数计算工龄工资。在 F3 单元格中输入公式，如图 4-43 所示。

(3) 向下拖动 F3 单元格右下角的填充柄至 F22 单元格，填充其他信息。

工龄工资	
工龄(年)	工龄工资
工龄>=15	1000
15>工龄>=10	800
10>工龄>=5	500
工龄<5	200

图 4-42 工龄工资

$$=IF(C3>=15,1000,IF(C3>=10,800,IF(C3>=5,500,200)))$$

图 4-43 IF 函数嵌套公式

※重点提示

多层条件的 IF 函数构成：IF(条件 1，符合条件 1 的结果，IF(条件 2，符合条件 2 的结果，IF(条件 3，符合条件 3 的结果，IF(条件 4……))))

其中条件 1<条件 2<条件 3<条件 4……

注意：最多嵌套 7 层关系；有多少个 IF，最后就有多少个反括号；每对括号采用不同颜色标识。

步骤 3：用 VLOOKUP 函数，计算"基本工资及社会保险"表中的"学历工资"数据。

(1) 仿照"员工出勤表"中"职务工资"的操作步骤，单击"资料"工作表，选择 D3:E7 区域，单击名称框输入"学历"，注意按回车键确定，如图 4-44 所示。

学历	▼		f_x	研究生	
	A	B	C	D	E
1	职务工资			学历工资	
2	职务	基本工资		学历	学历工资
3	总经理	5000		研究生	1000
4	部门经理	3000		本科	700
5	总工程师	5000		大专	500
6	工程师	3000		中专	300
7	助理工程师	2000		初中	200

图 4-44　自定义单元格区域

(2) 选中 G3 单元格，打开"VLOOKUP"函数的"函数参数"对话框，参数设置如图 4-45 所示。

(3) 单击"确定"按钮，得到第一个结果。双击 F3 单元格的填充柄，复制公式，计算其他员工学历工资。

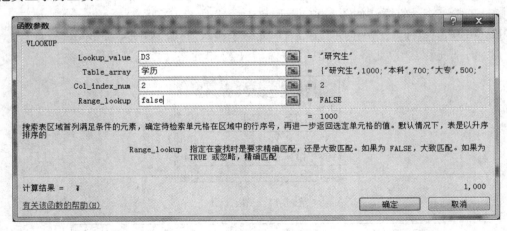

图 4-45　设置函数参数

步骤 4：用公式计算"基本工资及社会保险"表中的其他数据。

(1) 计算员工的"基本工资"。

为"基本工资"列标题设置批注，批注提示内容为："基本工资=职务工资+工龄工资+

学历工资"。利用 SUM 函数计算出"基本工资"。

因为计算结果和求和区域是连续区域，所以选中 E3:G3 单元格区域，单击"开始"选项卡"编辑"组中的"求和"按钮，如图 4-46 所示。选中求和项，计算出结果。

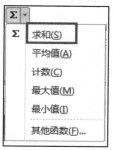

图 4-46　求和按钮

(2) 计算出员工需缴纳的"社会保险"。

社会保险由养老保险、医疗保险、失业保险、住房公积金四部分组成，这里是个人缴纳部分。

① 为养老保险、医疗保险、失业保险、住房公积金四个标题设置批注，提示内容为个人缴纳的计算方法。

② "养老保险"列标题的批注为："养老保险=基本工资*8%"；

③ "医疗保险"列标题的批注为："医疗保险=基本工资*2%"；

④ "失业保险"列标题的批注为："失业保险=基本工资*1%"；

⑤ "住房公积金"列标题的批注为："住房公积金=基本工资*7%"。

⑥ 根据批注内容计算各列数值，如图 4-47 所示。

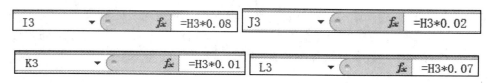

图 4-47　输入公式效果

⑦ 为"社会保险"列标题设置批注，提示内容为"社会保险=养老保险+医疗保险+失业保险+住房公积金"。

⑧ 计算社会保险。选中 M3，在编辑栏中输入"= I3+J3+K3+L3"，向下拖动 I3:M3 单元格区域右下角的填充柄到 M22 单元格后释放鼠标，计算出其他信息。

至此，"基本工资及社会保险"表完成。

4. 计算"工资总表"中的各项数据

步骤 1：在多个工作表引用数据计算前 7 个字段。

(1) 在"工资总表"工作表中"员工编号"、"姓名"、"部门"引用"员工基本信息表"表中相应列数据。

(2) "基本工资"、"社会保险"引用"基本工资及社会保险"表中相应列数据。

(3) "业绩奖金"引用"员工业绩表"表中相应列数据。

(4) "考勤扣款"引用"员工出勤表"表中相应列数据，效果如图 4-48 所示。

10月份员工工资总表										
员工编号	姓名	部门	基本工资	业绩奖金	社会保险	考勤扣款	应发工资	应纳税工资额(元)	个人所得税	实发工资
0001	张晨辉	机关	¥7,000.00	¥1,000.00	¥1,260.00	¥0.00				
0002	曾冠琛	销售部	¥4,800.00	¥800.00	¥864.00	¥0.00				
0003	关俊民	客服中心	¥4,700.00	¥100.00	¥846.00	¥50.00				
0004	曾丝华	客服中心	¥2,700.00	¥0.00	¥486.00	¥0.00				
0005	张辰哲	技术部	¥4,300.00	¥500.00	¥774.00	¥50.00				
0006	孙娜	客服中心	¥2,200.00	¥200.00	¥396.00	¥0.00				
0007	丁怡瑾	业务部	¥4,800.00	¥1,200.00	¥864.00	¥50.00				
0008	蔡少娜	后勤部	¥4,800.00	¥50.00	¥864.00	¥0.00				
0009	吴小杰	机关	¥4,500.00	¥200.00	¥810.00	¥400.00				
0010	肖羽雅	后勤部	¥2,200.00	¥0.00	¥396.00	¥100.00				
0011	甘晓聪	机关	¥2,300.00	¥100.00	¥414.00	¥200.00				
0012	齐萌	后勤部	¥3,000.00	¥150.00	¥540.00	¥266.67				
0013	郑洁	产品开发部	¥4,800.00	¥700.00	¥864.00	¥200.00				
0014	陈芳芳	销售部	¥4,800.00	¥2,000.00	¥576.00	¥0.00				
0015	韩世伟	技术部	¥6,800.00	¥700.00	¥1,224.00	¥83.33				
0016	郭玉涵	技术部	¥4,800.00	¥350.00	¥864.00	¥0.00				
0017	何军	销售部	¥3,200.00	¥400.00	¥576.00	¥33.33				
0018	郑丽君	人事部	¥4,500.00	¥250.00	¥810.00	¥250.00				
0019	罗益美	销售部	¥3,500.00	¥1,300.00	¥630.00	¥33.33				
0020	张天阳	销售部	¥3,500.00	¥1,600.00	¥630.00	¥300.00				

图 4-48　引用数据

步骤 2：用公式计算"工资总表"工作表中的"应发工资"。计算公式为：应发工资=基本工资+业绩奖金−社会保险−考核扣款，如图 4-49 所示。

图 4-49　"应发工资"公式计算

步骤 3：用 IF 函数计算"工资总表"工作表中的"应纳税工资额"。

如果应发工资大于 3500 元需交纳个人所得税，纳税金额为"应发工资−3500"，否则为 0。选中 I3 单元格，设置公式如图 4-50 所示。再双击 I3 单元格的填充柄，复制公式得到其他员工应纳税工资额信息。

图 4-50　"应纳税工资额"计算

步骤 4：计算个人所得税。

在 J3 单元格输入如图 4-51 所示的公式，因为对应的值是一个范围，所以采用 VLOOKUP 函数的模糊查询。

图 4-51　个人所得税公式

计算出第一个结果，然后双击 J3 单元格右下角的填充柄，计算出所有员工的个人所得税额。

从 2011 年 9 月 1 日起，月收入超过 3500 起征个人所得税。计算公式为：个人所得税

=应纳税工资额*税率–速算扣除数，其中税率如"资料"工作表中的介绍，如图 4-52 所示。

（工资、薪金所得适用）			起扣金额：	¥3,500.00
个税标准				
级数	最低	最高	税率	速算扣除数
1	0	1500	3%	0
2	1500	4500	10%	105
3	4500	9000	20%	555
4	9000	35000	25%	1005
5	35000	55000	30%	2755
6	55000	80000	35%	5505
7	80000		45%	13505

图 4-52　个人所得税计算 7 级标准

※重点提示

如何用 VLOOKUP 函数进行"模糊查找"？

VLOOKUP 函数有 4 个参数，前面用到的都是 Range_Lookup（第四个参数）为 FALSE 的情况，即"精确查找"（精确匹配）。当 Range_Lookup 为 TRUE（或忽略）时表示"模糊查找"（近似匹配值），其含义是函数 VLOOKUP 在区域 Table_Array（第二个参数）的第 1 列中找不到对应的具体指 Lookup_Value（第一个参数），则返回小于或等于 Lookup_Value 的最大值。

如员工张晨辉的应纳税工资额为 3240 元，区域 Table_Array 中是找不到对应值，所以采用 Range_Lookup 为 TRUE，进行模糊查询，应当返回小于等于 3240 的最大值，即找到的是级数为 2 对应的税率 10%，速算扣除数为 105。

步骤 5：计算实发工资。

在 K3 单元格中输入公式"=H3-J3"，计算出第一个结果，然后双击 K3 单元格右下角的填充柄，计算出所有员工的实发工资。

步骤 6：计算本月各项总计及平均。

在 C24:K25 单元格区域创建一个统计表格并格式化，如图 4-53 所示。

本月各项总计							
本月各项平均							

图 4-53　设置统计表格

步骤 7：利用求和 SUM 函数和平均函数 AVERAGE 计算相应数据，如图 4-54 所示。

本月各项总计	¥81,600.00	¥11,600.00	¥14,688.00	¥2,016.67	¥76,495.33	¥14,463.33	¥645.21	¥75,850.13
本月各项平均	¥4,080.00	¥580.00	¥734.40	¥100.83	¥3,824.77	¥723.17	¥32.26	¥3,792.51

图 4-54　统计表格结果

任务 4   批量制作工资条

任务描述

为了使员工了解到自己的工资信息，核实工资数据，通常要将员工的工资信息反馈给员工个人。因此，通常情况下都会为员工打印工资条。工资条的生成方式可分为三种：第一种是使用 Word 的邮件合并，生成主文档工资条模板和 Excel 提供工资总表数据源联合应用生成工资条，这种方式的劣势是过程过于复杂；第二种是直接在 Excel 中使用公式来生成工资条，通过找到标题行，内容行之间的行号关系就可以通过复制公式的方法生成工资条，这种方法的劣势是公式过于复杂；第三种是利用排序功能，自动生成工资条，这种方法简单直观。本任务采用第三种方法制作工资条。

作品展示

本任务批量制作的工资条效果如图 4-55 所示。

工资条											
序号	员工编号	姓名	部门	基本工资	业绩奖金	社会保险	考勤扣款	应发工资	应纳税工资额(元)	个人所得税	实发工资
1	0001	张晨辉	机关	7000	1000	1260	0	6740.0	3240	219.0	6521.0
工资条											
序号	员工编号	姓名	部门	基本工资	业绩奖金	社会保险	考勤扣款	应发工资	应纳税工资额(元)	个人所得税	实发工资
2	0002	曾冠琛	销售部	4800	800	864	0	4736.0	1236	37.1	4698.9
工资条											
序号	员工编号	姓名	部门	基本工资	业绩奖金	社会保险	考勤扣款	应发工资	应纳税工资额(元)	个人所得税	实发工资
3	0003	关俊民	客服中心	4700	100	846	50	3904.0	404	12.1	3891.9
工资条											
序号	员工编号	姓名	部门	基本工资	业绩奖金	社会保险	考勤扣款	应发工资	应纳税工资额(元)	个人所得税	实发工资
4	0004	曾丝华	客服中心	2700		486		2214.0	0	0.0	2214.0
工资条											
序号	员工编号	姓名	部门	基本工资	业绩奖金	社会保险	考勤扣款	应发工资	应纳税工资额(元)	个人所得税	实发工资
5	0005	张辰哲	技术部	4500	500	810		4140.0	640	19.2	4120.8
工资条											
序号	员工编号	姓名	部门	基本工资	业绩奖金	社会保险	考勤扣款	应发工资	应纳税工资额(元)	个人所得税	实发工资
6	0006	孙郁	客服中心	2200	200	396		2004.0	0	0.0	2004.0
工资条											
序号	员工编号	姓名	部门	基本工资	业绩奖金	社会保险	考勤扣款	应发工资	应纳税工资额(元)	个人所得税	实发工资
7	0007	丁怡瑾	业务部	4800	1200	864	50	5086.0	1586	53.6	5032.4
工资条											
序号	员工编号	姓名	部门	基本工资	业绩奖金	社会保险	考勤扣款	应发工资	应纳税工资额(元)	个人所得税	实发工资
8	0008	蔡少娜	后勤部	4800	50	864		3986.0	486	14.6	3971.4
工资条											
序号	员工编号	姓名	部门	基本工资	业绩奖金	社会保险	考勤扣款	应发工资	应纳税工资额(元)	个人所得税	实发工资
9	0009	吴小杰	机关	4500	200	810	400	3490.0	0	0.0	3490.0
工资条											
序号	员工编号	姓名	部门	基本工资	业绩奖金	社会保险	考勤扣款	应发工资	应纳税工资额(元)	个人所得税	实发工资
10	0010	肖羽雅	后勤部	2200	0	396	100	1704.0	0	0.0	1704.0

图 4-55   工资条部分效果图

任务要点

➢ 灵活使用数据排序。

➢ 学会利用"格式刷"复制格式。

➢ 学会准确定位单元格区域的方法。

任务实施

1. 制作数据表

步骤 1：打开"公司员工工资管理"工作簿文件，新建"工资条"工作表，复制"工资总表"中的 A2:K22 单元格区域数据到"工资条"工作表中，以 A2 单元格为起始单元格。

※重点提示

> 因为工资条采用排序法生成，所以在粘贴数据时只要求粘贴数值。

步骤 2："员工编号"设置前置零效果。

步骤 3：选中 A 列，插入两个新列。B 列输入列标题"序号"，在 B3 单元格输入 1，按住 Ctrl 键拖动 B3 单元格填充柄到 B22 单元格。A 列输入列标题"辅助"，在 A3 单元格输入 1，按住 Ctrl 键拖动 A3 单元格填充柄到 A22 单元格；在 A23 单元格输入 1.2，按住 Ctrl 键拖动 A23 单元格填充柄到 A41 单元格，如图 4-56 所示。

※重点提示

> 若起始数据是数值，则按 Ctrl 键向下填充数据时，相当于步长值设置为 1。

2. 快速生成小标题

步骤 1：选中 A2:M41 单元格区域，按"辅助"列数据升序排序。

步骤 2：快速选择定位区域。选中 A2:M41 单元格区域，单击"开始"选项卡"编辑"组中的"查找和选择"，在下拉菜单中单击"定位条件"命令，如图 4-57 所示。

	A	B	C	D	E
1					
2	辅助	序号	员工编号	姓名	部门
3	1	1	0001	张晨辉	机关
4	2	2	0002	曾冠琛	销售部
5	3	3	0003	关俊民	客服中心
6	4	4	0004	曾丝华	客服中心
7	5	5	0005	张辰哲	技术部
8	6	6	0006	孙娜	客服中心
9	7	7	0007	丁怡瑾	业务部
10	8	8	0008	蔡少娜	后勤部
11	9	9	0009	吴小杰	机关
12	10	10	0010	肖羽雅	后勤部
13	11	11	0011	甘晓聪	机关
14	12	12	0012	齐萌	后勤部
15	13	13	0013	郑浩	产品开发部
16	14	14	0014	陈芳芳	销售部
17	15	15	0015	韩世伟	技术部
18	16	16	0016	郭玉涵	技术部
19	17	17	0017	何军	销售部
20	18	18	0018	郑丽君	人事部
21	19	19	0019	罗益美	销售部
22	20	20	0020	张天阳	销售部
23	1.2				
24	2.2				
25	3.2				
26	4.2				

图 4-56　数据表

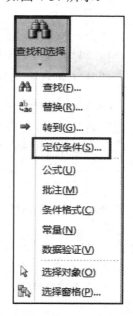

图 4-57　定位条件

步骤 3：在弹出的"定位条件"对话框中选中"空值"选项，如图 4-58 所示，单击"确定"按钮，则选中区域中的所有空行。

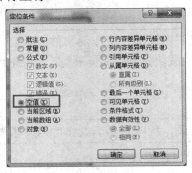

图 4-58　定位空值

步骤 4：保持选中空行的状态下，输入"="号，然后选中 B2 单元格。同时按两次 F4 键，最后按 Ctrl+Enter 组合键，如图 4-59 所示。

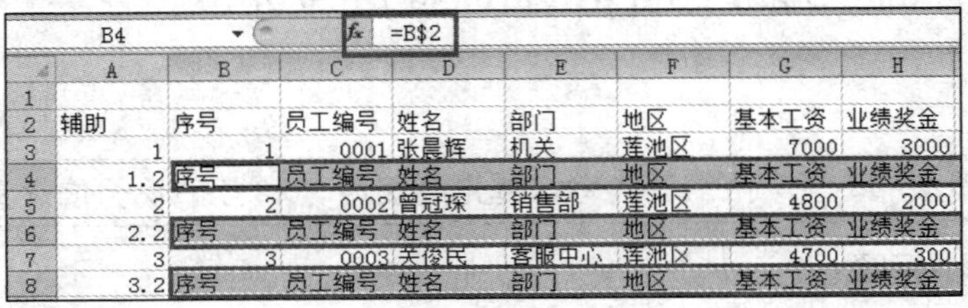

图 4-59　快速输入小标题

※重点提示

在编辑公式和函数时，引用其他单元格，按 F4 键，可以在 4 种引用方式下切换，如 A1、$A$1、A$1、$A1，表示该引用是相对、绝对还是混合引用。

Ctrl+Enter 组合键是在选中的不同单元格输入相同的内容或填充公式的快捷键。

3. 快速生成大标题

步骤 1：在单元格 A42 中输入 1.1，按住 Ctrl 键拖动 A42 单元格填充柄到 A60 单元格。

步骤 2：选中 A2:M60 单元格区域，按"辅助"列数据升序排序。

步骤 3：在 B1 单元格中输入"工资条"文本，设置其格式为华文行楷、16 磅，选中 B1:M1 单元格区域，合并后居中。

步骤 4：选中 A2:M60 单元格区域中的空行，并输入公式=B$1，按下 Ctrl+Enter 组合键填充空行。

步骤 5：利用格式刷复制第一行大标题格式到其他行大标题格式，如图 4-60 所示。可以采用双击格式刷，多次复制格式的方式。双击格式刷时，复制完格式一定要再次单击"格式刷"按钮关闭格式刷。

步骤 6：删除 A 列。

	A	B	C	D	E	F	G	H	I
1									**工资条**
2	辅助	序号	员工编号	姓名	部门	地区	基本工资	业绩奖金	社会保险
3	1	1	0001	张晨辉	机关	莲池区	7000	3000	1260
4	1.1	工资条		0	0	0	0	0	0
5	1.2	序号	员工编号	姓名	部门	地区	基本工资	业绩奖金	社会保险
6	2	2	0002	曾冠琛	销售部	莲池区	4800	2000	864
7	2.1	工资条		0	0	0	0	0	0
8	2.2	序号	员工编号	姓名	部门	地区	基本工资	业绩奖金	社会保险
9	3	3	0003	关俊民	客服中心	莲池区	4700	300	846
10	3.1	工资条		0	0	0	0	0	0
11	3.2	序号	员工编号	姓名	部门	地区	基本工资	业绩奖金	社会保险
12	4	4	0004	曾丝华	客服中心	新市区	2700	3000	486

图 4-60　快速输入大标题

※重点提示

前面已经在 A 列中添加了 1～10 与 1.2、2.2、3.2 等小数位为 2 的连续数值，现在添加 1.1、2.1、3.1 等小数位为 1 的连续数值，便于在升序排序时系统会根据 A 列中数值的大小顺序进行排序，从而使空行显示在列标题行的上方。

4. 美化工资条

步骤 1：设置文本的对齐方式为水平居中，垂直居中。

步骤 2：设置合适的列宽和行高。

步骤 3：设置表格所有边框为细实线。

步骤 4：设置大标题处底纹颜色为浅蓝色，列标题的底纹颜色为浅绿色，员工信息字体为加粗。

在"开始"选项卡"样式"组"条件格式"列表中选择"新建规则"项，利用公式完成条件设置，被 3 整除余 1 的行设置格式为填充浅蓝色，如图 4-61 所示。其余的条件设置类似。

图 4-61　条件格式

※重点提示

ROW 函数的功能：返回单元格行号。

语法：ROW()。

MOD 函数的功能：对两个数作除法并且返回相除的余数。

语法：MOD(number,divisor)。

参数定义：number 代表被除数；divisor 代表除数；返回结果为余数。

任务 5　统计 "各部门业绩额" 并建立 "各部门业绩额图表"

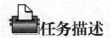

任务描述

本任务通过对 "员工业绩表" 中 "业绩额" 和 "业绩奖金" 的汇总，介绍 Excel 2010 中数据排序、分类汇总、建立图表工作表并对其进行编辑等操作。

作品展示

本任务制作的 "各部门业绩汇总表" 效果如图 4-62 所示，"各部门业绩额图表" 效果如图 4-63 所示。本次任务完成图示两张工作表。

	员工编号	姓名	部门	职务	业绩额	业绩奖金	排名
				10月份员工业绩表汇总			
3	0013	郑浩	产品开发部	部门经理	7,000	￥ 700	5
4			**产品开发部 汇总**		7,000	￥ 700	
5	0008	蔡少娜	后勤部	部门经理	500	￥ 50	6
6	0010	肖羽雅	后勤部	文员	0	￥ -	16
7	0012	齐萌	后勤部	技工	1,500	￥ 150	19
8			**后勤部 汇总**		2,000	￥ 200	
9	0001	张晨辉	机关	总经理	10,000	￥ 1,000	9
10	0009	吴小杰	机关	部门经理	2,000	￥ 200	13
11	0011	甘晓聪	机关	文员	1,000	￥ 100	4
12			**机关 汇总**		13,000	￥ 1,300	
13	0005	张辰哲	技术部	部门经理	5,000	￥ 500	18
14	0015	韩世伟	技术部	总工程师	7,000	￥ 700	13
15	0016	郭玉涵	技术部	工程师	3,500	￥ 350	19
16			**技术部 汇总**		15,500	￥ 1,550	
17	0003	关俊民	客服中心	部门经理	1,000	￥ 100	16
18	0004	曾丝华	客服中心	普通员工	0	￥ -	15
19	0006	孙娜	客服中心	普通员工	2,000	￥ 200	7
20			**客服中心 汇总**		3,000	￥ 300	
21	0018	郑丽君	人事部	部门经理	2,500	￥ 250	1
22			**人事部 汇总**		2,500	￥ 250	
23	0002	曾冠琛	销售部	部门经理	8,000	￥ 800	7
24	0014	陈芳芳	销售部	业务员	20,000	￥ 2,000	11
25	0017	何军	销售部	业务员	4,000	￥ 400	10
26	0019	罗益美	销售部	业务员	13,000	￥ 1,300	12
27	0020	张天阳	销售部	业务员	16,000	￥ 1,600	3
28			**销售部 汇总**		61,000	￥ 6,100	
29	0007	丁怡瑾	业务部	部门经理	12,000	￥ 1,200	2
30			**业务部 汇总**		12,000	￥ 1,200	
31			**总计**		116,000	￥ 11,600	

图 4-62　各部门业绩汇总表

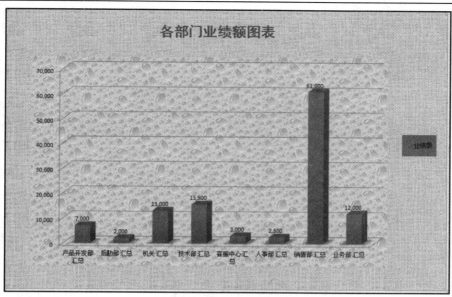

图 4-63 各部门业绩额图表

任务要点

➢ 数据排序。

➢ 数据分类汇总。

➢ 建立与编辑图表工作表。

任务实施

打开"公司员工工资管理"工作簿文件，并对其进行以下操作。

1. 以"部门"为分类字段，汇总"业绩额"和"业绩奖金"之和。

步骤：复制"员工业绩表"工作表到同一工作簿的末尾，系统默认工作表名为"员工业绩表(2)"。

※重点提示

> "排名"列数据利用选择性粘贴数值的方法复制，否则分类汇总后会影响排名函数的结果。

步骤 2：单击"员工业绩表(2)"工作表标签，使其成为当前工作表。

步骤 3：单击数据区"部门"列任一单元格，然后单击"数据"选项卡"排序和筛选"组的"升序排序"按钮 Å↓ 或"降序排序" Z̡↓ 按钮，使工作表按"部门"列顺序排列。

步骤 4：单击"数据"选项卡"分组显示"组的"分类汇总"按钮，打开"分类汇总"对话框。

步骤 5："分类字段"选择"部门"，"汇总方式"选择"求和"，在"选定汇总项"中选择需要汇总的字段"业绩额"和"业绩奖金"，如图 4-64 所示，单击"确定"按钮，即可得到分类汇总的结果。

步骤6：修改工作表标题为"10月份员工业绩汇总"。

步骤7：重命名工作表名为"各部门业绩汇总表"，效果如图4-62所示。

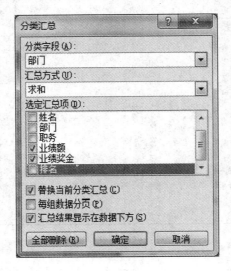

图4-64　"分类汇总"对话框

步骤8：保存工作簿文件。

※重点提示

"分类汇总"之前一定要按分类字段先进行排序。

2. 建立"各部门业绩额图表"

根据前面所创建的"各部门业绩汇总表"，创建各部门业绩额图表工作表。

图表要求：图表类型为："三维簇状柱形图"，分类轴为"部门"，数值轴为"业绩额"的汇总值，图表标题为"各部门业绩额图表"，有图例。

步骤1：单击"各部门业绩汇总表"工作表标签，使其成为当前工作表。

步骤2：选择创建图表的数据区域，单击C2单元格，按住Ctrl键，依次单击部门和业绩额的汇总结果单元格。

※重点提示

选择数据源时，按住Ctrl键选择工作表中不连续的单元格或单元格区域，按住Shift键选择工作表中连续的单元格或单元格区域。

步骤3：创建三维簇状柱形图。单击"插入"选项卡"图表"组中的"柱形图"按钮 ，在展开的列表中选择"三维簇状柱形图"，如图 4-65(a)所示。此时，系统在工作表中插入一张嵌入式三维簇状柱形图，效果如图4-65(b)所示。

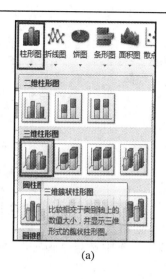
(a)

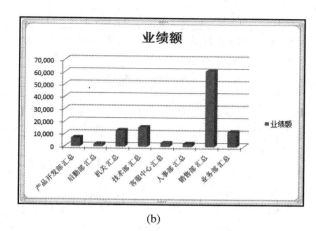
(b)

图 4-65　创建三维簇状柱形图

※重点提示

更改图表类型：
① 单击选中要更改的图表。
② 单击"图表工具设计"选项卡上"类型"组的"更改图表类型"按钮，则打开"更改图表类型"对话框，选择合适的图表类型，单击"确定"。

步骤 4：移动图表位置到新工作表，名为"各部门业绩额图表"。单击选中图表，在"图表工具设计"选项卡单击"位置"组的"移动图表"按钮，则打开"移动图表"对话框，单击选中"新工作表"按钮，在其右侧的编辑框中输入新工作表名称，如图 4-66 所示。

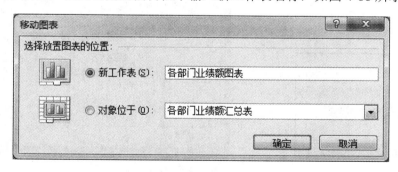

图 4-66　移动图表位置

步骤 5：单击"确定"按钮，则系统自动在原工作表左侧创建一新工作表"各部门业绩额图表"，存放创建的图表。

步骤 6：设置图表样式为"样式 18"。

步骤 7：修改图表标题为"各部门业绩额图表"，字体为黑体，字号 24 磅，字体颜色为蓝色。

※重点提示

如果创建的图表没有标题，可以用下面的方法给图表添加标题：

单击"图表工具布局"选项卡上"标签"组的"图表标题"按钮，在展开的列表中选择合适的位置，然后在编辑框输入图表标题。

步骤 8： 设置数据标签为"显示"。

步骤 9： 设置图表区格式，填充"画布"纹理。

操作方法一：

单击"图表工具格式"选项卡"当前所选内容"组的"当前图表元素"下拉列表中的"图表区"，然后单击"设置所选内容格式"按钮，则弹出"设置图表区格式"对话框，单击选中"填充"选项下"图片或纹理填充"按钮，在"纹理"列表中选择"画布"，如图 4-67 所示。单击"关闭"按钮即可。

图 4-67　设置图表区格式

操作方法二：

在图表上单击图表区选中，单击鼠标右键，在快捷菜单中选择"设置图表区域格式"，则弹出"设置图表区格式"对话框，设置图表区填充效果"画布"纹理。

步骤 10： 设置绘图区格式为"水滴"纹理。

步骤 11： 设置图例格式，填充"绿色"，将图例放到图表合适位置，如图 4-68 所示，保存文件。

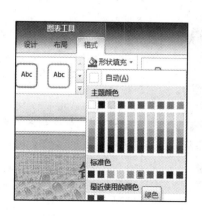 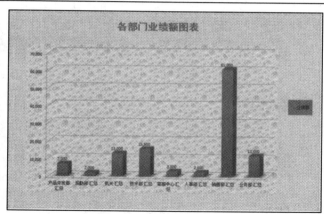

图 4-68　设置图例格式

步骤 12：添加"业绩奖金"系列。

操作方法一：

(1) 单击"图表工具设计"选项卡"数据"组的"选择数据"按钮，弹出"选择数据源"对话框。

(2) 在"选择数据源"对话框中，单击"添加"按钮，在"系列名称"框中选择"各部门业绩汇总表"中的 F2 单元格，在"系列值"编辑框选择"各部门业绩汇总表"中的业绩奖金汇总结果单元格区域，如图 4-69 所示，单击"确定"按钮，返回"选择数据源"对话框。

(3) 单击"确定"按钮，效果如图 4-70 所示。

图 4-69　"编辑数据系列"对话框

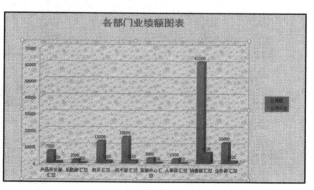

图 4-70　添加"业绩奖金"系列

操作方法二：

(1) 单击图表数据源工作表标签"各部门业绩汇总表"，单击 F2 选中，按下 Ctrl 键不松手，依次单击"业绩奖金"汇总结果单元格，选中要添加到图表的数据系列。

(2) 按下 Ctrl+C 组合键，将选中的数据复制到剪贴板。

(3) 单击要添加系列的图表工作表标签"各部门业绩额图表"，在图表区右击鼠标，在快捷菜单中单击"粘贴"命令，效果如图 4-70 所示。

步骤 13：删除"业绩奖金"系列，在图表中单击选中"业绩奖金"系列，右击鼠标，在快捷菜单中选择"删除"命令，最终效果如图 4-63 所示。

任务 6　分析员工工资总表数据

任务描述

公司领导提出几个查看员工工资总表数据的条件，要小张利用 Excel 2010 电子表格软件，对本公司员工工资表数据进行分析。本任务对"工资总表"中的数据进行筛选，并汇总出各部门的实发工资。

作品展示

本任务制作的各种分析结果如图 4-71 和图 4-72 所示，"各部门实发工资汇总"效果如图 4-73 所示，"各部门实发工资图表"如图 4-74 所示。

图 4-71　实发工资最高的 5 位员工

图 4-72　"销售部"员工记录

图 4-73　各部门实发工资汇总

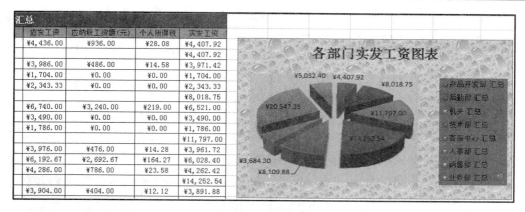

汇总			
应发工资	应纳税工资额(元)	个人所得税	实发工资
¥4,436.00	¥936.00	¥28.08	¥4,407.92
			¥4,407.92
¥3,986.00	¥486.00	¥14.58	¥3,971.42
¥1,704.00	¥0.00	¥0.00	¥1,704.00
¥2,343.33	¥0.00	¥0.00	¥2,343.33
			¥8,018.75
¥6,740.00	¥3,240.00	¥219.00	¥6,521.00
¥3,490.00	¥0.00	¥0.00	¥3,490.00
¥1,786.00	¥0.00	¥0.00	¥1,786.00
			¥11,797.00
¥3,976.00	¥476.00	¥14.28	¥3,961.72
¥6,192.67	¥2,692.67	¥164.27	¥6,028.40
¥4,286.00	¥786.00	¥23.58	¥4,262.42
			¥14,252.54
¥3,904.00	¥404.00	¥12.12	¥3,891.88

图 4-74　各部门实发工资图表

任务要点

- ➢ 数据筛选。
- ➢ 数据分类汇总。
- ➢ 建立与编辑嵌入式图表。

任务实施

打开"公司员工工资管理"工作簿文件，并对其进行以下操作。

1. 查看"工资总表"中实发工资最高的 5 位员工

步骤 1：复制"工资总表"工作表到同一工作簿文件末尾，系统默认工作表名为"工资总表(2)"。

步骤 2：单击"工资总表(2)"工作表标签，使其成为当前工作表。

步骤 3：单击任一非空单元格，然后单击"数据"选项卡"排序和筛选"组的"筛选"按钮，如图 4-75 所示。

图 4-75　单击"筛选"按钮

步骤 4：此时，工作表标题行中的每个单元格右侧显示筛选箭头，单击"实发工资"标题右侧的筛选箭头，在展开的列表中选择"数据筛选"列表的"10 个最大的值"项，如

图 4-76(a)所示，打开"自动筛选前 10 个"对话框，将最大值数字改成 5，如图 4-76(b)所示。

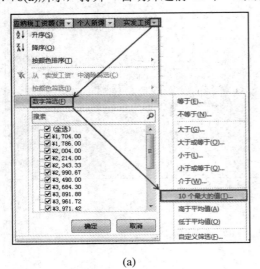

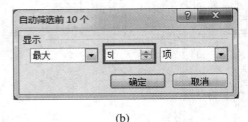

(a)　　　　　　　　　　　　　　　　　(b)

图 4-76　自动筛选

步骤 5： 单击"确定"按钮，筛选出实发工资最高的 5 位员工的记录。

步骤 6： 修改工作表标题为"10 月份实发工资最高的 5 位员工"，如图 4-71 所示。

步骤 7： 重命名工作表名为"筛选 1"。

※重点提示

　① 取消列的筛选：单击要取消筛选的列标题右侧的筛选标记，在列表中单击"从'****'中清除筛选"选项，则该列的自动筛选取消。

　② 退出自动筛选状态：单击"数据"选项卡上"排序和筛选"组的"筛选"按钮。

2. 查看"工资总表"中"销售部"员工记录

步骤 1： 复制"工资总表"工作表到新工作表，并将新工作表名命名为"筛选 2"。

步骤 2： 单击"筛选 2"工作表标签，使其成为当前工作表。

步骤 3： 单击任一非空单元格，然后单击"筛选"按钮。

步骤 4： 单击"部门"右侧的筛选箭头，在展开的列表中单击"全选"项，取消所有复选框的选中，然后单击"销售部"复选框。

步骤 5： 单击"确定"按钮，筛选出销售部员工记录，效果如图 4-77 所示。

	员工编▼	姓名▼	部门 ▼	基本工资▼	业绩奖▼	社会保险▼	考勤扣款▼	应发工资▼	应纳税工资额(元▼	个人所得▼	实发工资▼
1						**10月份员工工资总表**						
4	0002	曾冠瑞	销售部	¥4,800.00	¥800.00	¥864.00	¥0.00	¥4,736.00	¥1,236.00	¥37.08	¥4,698.92
16	0014	陈芳芳	销售部	¥3,200.00	¥2,000.00	¥576.00	¥0.00	¥4,624.00	¥1,124.00	¥33.72	¥4,590.28
19	0017	何军	销售部	¥3,200.00	¥400.00	¥576.00	¥33.33	¥2,990.67	¥0.00	¥0.00	¥2,990.67
21	0019	罗益美	销售部	¥3,500.00	¥1,300.00	¥630.00	¥33.33	¥4,136.67	¥636.67	¥19.10	¥4,117.57
22	0020	张天阳	销售部	¥3,500.00	¥1,600.00	¥630.00	¥300.00	¥4,170.00	¥670.00	¥20.10	¥4,149.90

图 4-77　筛选出销售部员工记录

3. 查看"工资总表"中"实发工资"5000 元及以上或"后勤部"员工记录

步骤 1： 复制"工资总表"工作表到新工作表，删除 24、25 行，并将新工作表名命名为"筛选 3"。

步骤 2：单击"筛选 3"工作表标签，使其成为当前工作表。

步骤 3：在工作表中输入筛选条件，创建条件区域，如图 4-78 所示。

步骤 4：选中"筛选 3"任一非空单元格，单击"数据"选项卡上"排序和筛选"组的"高级"按钮，打开"高级筛选"对话框，如图 4-79 所示。

图 4-78　高级筛选条件　　　　　　　图 4-79　"高级筛选"对话框

步骤 5：在"高级筛选"对话框中，确认"列表区域"的单元格引用是否正确，然后选中"将筛选结果复制到其他位置"选项。

步骤 6：在"条件区域"编辑框中单击，然后在工作表中选择 C24:D26 单元格区域，返回"高级筛选"对话框，如图 4-80 所示。

图 4-80　"高级筛选"条件

步骤 7：在"复制到"编辑框中单击，然后在工作表中单击 A28 单元格，再单击"确定"按钮，则筛选出实发工资大于 5000 元及以上或"后勤部"员工记录。

※重点提示

> 筛选条件在书写时应遵循的原则：
> ① 条件区和原数据区域至少间隔一行或一列，应将条件涉及的字段名复制到条件区的第一行，且字段名要连续，字段名的下方输入条件值，即同一条件的字段名和对应的条件值都应写在同一列的不同单元格中。
> ② 多个条件之间的逻辑关系是"与"关系时，条件值应写在同一行；当是"或"关系时，条件值写在不同行。
> ③ 条件区域不能有空行或空列。

4. 按"部门"为分类字段，汇总"实发工资"之和

步骤 1：复制"工资总表"工作表到同一工作簿的最后，将新工作表改名为"各部门实发工资汇总"。

步骤 2：单击"各部门实发工资汇总"工作表标签，使其成为当前工作表。

步骤 3：在"各部门实发工资汇总"工作表中按"部门"列排序。

步骤 4：单击"数据"选项卡"分组显示"组的"分类汇总"按钮，打开"分类汇总"对话框，设置"分类字段"为"部门"，"汇总方式"为"求和"，"选定汇总项"列表勾选"实发工资"选项。

步骤 5：单击"确定"按钮，则当前工作表按部门汇总实发工资之和。

5. 建立各部门实发工资图表

在"各部门实发工资汇总"工作表中，建立各部门实发工资饼图，并对图表进行美化。

步骤 1：单击"各部门实发工资汇总"工作表标签，使其成为当前工作表。

步骤 2：选择创建图表的数据源，按下 Ctrl 键依次单击部门和实发工资汇总结果单元格。

步骤 3：单击"插入"选项卡上"图表"组"饼图"列表中的"三维型分离饼图"，则在当前工作表创建一个嵌入式图表。

步骤 4：修改图表标题为"各部门实发工资图表"。

步骤 5：美化图表。图表样式为样式 26，图表区背景填充"水滴"纹理效果；绘图区填充"橙色"，图例区填充绿色；数据标签为"最佳匹配"，将图表放到数据区域右侧，效果如图 4-74 所示。

任务 7　统计与分析各部门学历层次

任务描述

公司领导想让小张对本公司各部门学历层次进行统计与分析。本任务对利用数据透视表及数据透视图"员工基本信息表"数据进行统计与分析。

作品展示

本任务制作的数据透视表效果如图 4-81 所示，在数据透视表中插入数据透视图效果如图 4-82 所示。

计数项:员工编号	列标签				
行标签	本科	大专	研究生	中专	总计
产品开发部			1		1
后勤部		2		1	3
机关	1		1	1	3
技术部		1	2		3
客服中心	2	1			3
人事部	1				1
销售部	4		1		5
业务部			1		1
总计	8	4	7	1	20

图 4-81　数据透视表

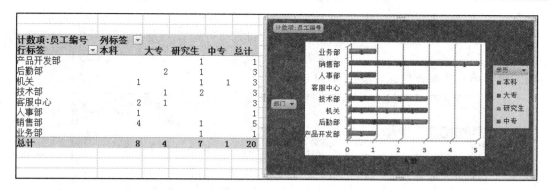

图 4-82　在数据透视表中插入数据透视图

任务要点

➢ 数据透视表。
➢ 数据透视图。

任务实施

打开"公司员工工资管理"工作簿文件，并对其进行操作。

1. 统计各部门学历层次人数

在"员工基本信息表"中创建数据透视表，列标签为"学历"，行标签为"部门"，数值为"员工编号"计数，统计各部门学历层次人数。

步骤 1：单击"员工基本信息表"工作表标签，使其成为当前工作表。

步骤 2：选中"员工基本信息表"工作表中 A2:J22 单元格区域，然后单击"插入"选项卡 "表格"组的"数据透视表"按钮，在列表中单击"数据透视表"，打开"创建数据透视表"对话框，在"表/区域"编辑框中可看到选择的数据源区域，如图 4-83 所示。

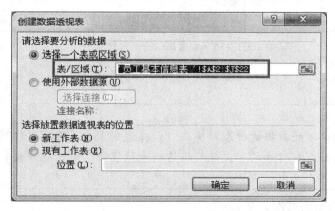

图 4-83　显示选择的数据源区域

步骤 3：单击"确定"按钮，即可在新建的工作表中显示数据透视表框架，同时功能区出现"数据透视表工具选项/设计"选项卡，将该工作表重命名为"各部门学历层次统计分析"。

步骤 4：在"数据透视表字段列表"窗格，设置"行标签"为"部门"，"列标签"为"学历"，将"员工编号"字段拖动到数值区域，默认数值求和，可看到数据透视表将根据字段的设置显示出统计结果，如图 4-84 所示。

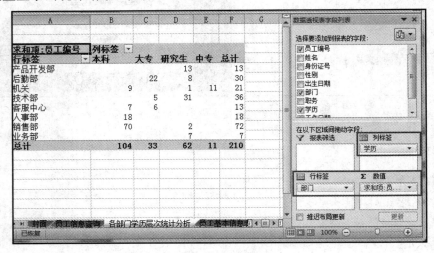

图 4-84 字段布局及结果

步骤 5：单击"数据透视表工具选项"选项卡上"计算"组的"按值汇总"，在列表中单击"计数"选项，如图 4-85 所示。

计数项:员工编号	列标签				
行标签	本科	大专	研究生	中专	总计
产品开发部			1		1
后勤部		2	1		3
机关	1		1	1	3
技术部		1	2		3
客服中心	2	1			3
人事部	1				1
销售部	4		1		5
业务部			1		1
总计	8	4	7	1	20

图 4-85 数值汇总方式及结果

※重点提示

更改数据透视表数据源：

选中要改变数据源的数据透视表，单击"数据透视表工具选项"选项上"数据"组的"更改数据源"按钮，在打开的"更改数据透视表数据源"对话框中重新选择"表/区域"即可。

2. 分析各部门学历层次人数

利用数据透视图分析各部门学历层次人数明细。

步骤 1：单击"各部门学历层次统计分析"工作表标签，使其成为当前工作表。

步骤 2：在数据透视表中单击任一单元格，然后单击"数据透视表工具选项"选项卡上"工具"组的"数据透视图"按钮，打开"插入图表"对话框，选择"条形图"类别中的"堆积水平圆柱图"。

步骤 3：单击"确定"按钮，则在数据透视表中插入数据透视图。

步骤 4：美化图表。应用图表样式为"样式 18"；主要横坐标轴标题为"人数"(单击"数据透视图工具布局"选项卡上"标签"组的"坐标轴标题/主要横坐标轴标题")；显示数据标签；图表区填充"蓝色"；绘图区填充"白色"；图例填充"黄色"；将图表移动到数据透视表右侧，效果如图 4-82 所示。

任务 8　查询员工工资数据及打印工资条

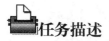

任务描述

为了方便公司财务人员查看每位员工详情，小张准备建立一个员工查询表，只要在员工查询表中输入员工编号即可查询员工的各种信息。

为了方便每位员工了解自己每月工资情况，小张已经建立了"工资条"工作表。小张想把制作的"工资条"工作表居中打印在 A4 纸上，并且希望打印稿上显示页码和作者等信息。

作品展示

图 4-86 是员工信息查询效果图，图 4-87 是 10 月份员工工资条打印效果图。

	A	B	C
		长城汽车某分公司员工信息查询	
1			
2		请选择员工编号：	0010
3		姓名	肖羽雅
4		身份证号	130638199009108521
5		部门	女
6		职务	文员
7		学历	大专
8		工作时间	2014/7/9
9		工龄	2
10		基本工资	2200.00
11		业绩	0.00
12		社会保险	396.00
13		出勤	100.00
14		应发工资	1704.00
15		所得税	0.00
16		实发工资	1704.00

图 4-86　员工信息查询效果图

10月份员工工资条

序号	员工编号	姓名	部门	基本工资	业绩奖金	社会保险	考勤扣款	应发工资	应纳税工资额(元)	个人所得税	实发工资
1	0001	张晨辉	机关	¥ 1,000.00	¥ 1,000.00	490.00	¥ -	¥ 1,510.00	¥ -	¥ -	¥ 1,510.00
2	0002	曾延琴	销售部	¥ 1,000.00	¥ 800.00	336.00	¥ -	¥ 1,464.00	¥ -	¥ -	¥ 1,464.00
3	0003	关俊民	客服中心	¥ 700.00	¥ 100.00	329.00	¥ 50.00	¥ 421.00	¥ -	¥ -	¥ 421.00
4	0004	曹丝华	客服中心	¥ 700.00	¥ -	189.00	¥ -	¥ 511.00	¥ -	¥ -	¥ 511.00
5	0005	张辰皙	技术部	¥ 500.00	¥ 500.00	315.00	¥ 50.00	¥ 635.00	¥ -	¥ -	¥ 635.00
6	0006	孙娜	客服中心	¥ 500.00	¥ 200.00	154.00	¥ -	¥ 546.00	¥ -	¥ -	¥ 546.00
7	0007	丁怡琦	业务部	¥ 1,000.00	¥ 1,200.00	350.00	¥ 50.00	¥ 1,800.00	¥ -	¥ -	¥ 1,800.00
8	0008	蔡少郎	后勤部	¥ 1,000.00	¥ 50.00	350.00	¥ -	¥ 700.00	¥ -	¥ -	¥ 700.00
9	0009	吴小杰	机关	¥ 700.00	¥ 200.00	329.00	¥ 400.00	¥ 171.00	¥ -	¥ -	¥ 171.00
10	0010	肖羽瞳	后勤部	¥ 500.00	¥ -	154.00	¥ 100.00	¥ 246.00	¥ -	¥ -	¥ 246.00
11	0011	甘晓蕾	机关	¥ 300.00	¥ 100.00	161.00	¥ 200.00	¥ 39.00	¥ -	¥ -	¥ 39.00
12	0012	乔丽	后勤部	¥ 500.00	¥ 150.00	210.00	¥ 266.67	¥ 173.33	¥ -	¥ -	¥ 173.33
13	0013	郑浩	产品开发部	¥ 1,000.00	¥ 700.00	336.00	¥ 200.00	¥ 1,164.00	¥ -	¥ -	¥ 1,164.00
14	0014	陈芳芳	销售部	¥ 700.00	¥ 2,000.00	245.00	¥ -	¥ 2,455.00	¥ -	¥ -	¥ 2,455.00
15	0015	韩世伟	技术部	¥ 1,000.00	¥ 700.00	476.00	¥ 83.33	¥ 1,140.67	¥ -	¥ -	¥ 1,140.67
16	0016	邹玉涵	技术部	¥ 1,000.00	¥ 350.00	350.00	¥ -	¥ 1,000.00	¥ -	¥ -	¥ 1,000.00
17	0017	何军	销售部	¥ 700.00	¥ 400.00	224.00	¥ 53.33	¥ 842.67	¥ -	¥ -	¥ 842.67
18	0018	郑丽君	人事部	¥ 700.00	¥ 250.00	329.00	¥ 250.00	¥ 371.00	¥ -	¥ -	¥ 371.00
19	0019	罗益类	销售部	¥ 700.00	¥ 1,300.00	245.00	¥ 33.33	¥ 1,721.67	¥ -	¥ -	¥ 1,721.67
20	0020	张天阳	销售部	¥ 700.00	¥ 1,600.00	259.00	¥ 300.00	¥ 1,741.00	¥ -	¥ -	¥ 1,741.00

图 4-87 工资条打印效果图

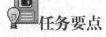

任务要点

➢ 制作员工信息查询界面(插入图片，格式化表格)。

> VLOOKUP 函数的综合应用。

> 工作表的页面设置及打印设置。

任务实施

1. 查询员工工资数据

步骤 1：打开"公司员工工资管理"工作簿文件，新建"员工查询表"工作表。

步骤 2：在 B1 单元格输入"长城汽车某分公司员工信息查询"文本，然后选中 B1:C1 单元格区域"合并后居中"，设置字体为"华文彩云"、"18 磅"，调整到合适的行高和列宽，效果如图 4-86 所示。

步骤 3：按效果图 4-86 输入 B2:B16 单元格区域内容，字体为"黑体"、"12 磅"；C2:C16 单元格区域字体为"宋体"、"14 磅"；B2:C16 单元格区域对齐方式为水平、垂直均居中，行高为 20。

步骤 4：选中 C2 单元格设置"员工编号"的数据有效性。设置效果如图 4-88 所示。

步骤 5：C3:C16 单元格区域采用 VLOOKUP 函数来实现，注意 VLOOKUP 函数的第一个参数均为 C2 单元格。

(1) C3:C9 单元格区域中的数据引用自"员工基本信息表"。

(2) C10:C16 单元格区域中的数据引用自"工资总表"。

(3) 仿照前面 VLOOKUP 函数的介绍，完成数据引用。实现效果为选择一位员工编号，就在相应位置查询出员工对应信息，如图 4-89 所示。

图 4-88 员工编号数据有效性 　　　　图 4-89 查询员工工资情况

步骤 6：设置边框底纹。按图 4-86 所示，为 B1:C16 单元格区域添加边框，选择"所有边框"项；为 B1:C1 单元格区域添加浅蓝色底纹；为 B2:B16 单元格区域添加深蓝色底纹；为 C2 单元格添加粉色底纹。

步骤 7：插入图片。选中 A1:A16 单元格区域合并后并居中，插入素材文件夹中的"长城"图片，将其调整到合适位置。

步骤 8：调整"员工查询表"工作表位置为第一个工作表。

※重点提示

移动工作表位置还可以选中要移动的工作表标签，按住鼠标左键沿着工作表标签拖动到合适的位置，松开鼠标即可。

2. 打印工资条

步骤 1：设置页面。

(1) 打开"工资条"工作表，单击"页面布局"选项卡"页面设置"组右下角的对话框启动器按钮，打开"页面设置"对话框。

(2) 在"页面"选项卡选中"纵向"单选按钮，如图 4-90 所示。

(3) 在"页边距"选项卡设置页边距值、页眉和页脚距页边距值及对齐方式，如图 4-91 所示。

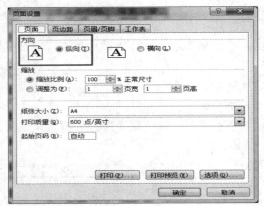
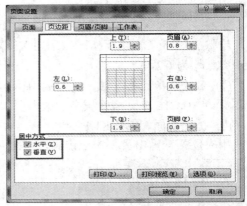

图 4-90 设置纸张方向　　　　　　　　图 4-91 设置页边距和对齐方式

※重点提示

在"页边距"选项卡选择"水平"和"垂直"复选框，可使打印的表格在打印纸上水平和垂直均居中。在设置打印方向时，若要打印的表格高度大于宽度，通常选择"纵向"；宽度大于高度，通常选择"横向"。

(4) 在"页眉/页脚"选项卡分别单击"自定义页眉"和"自定义页脚"按钮，在打开的对话框中设置页眉和页脚。在"页眉"对话框中间编辑框中输入页眉文本"10 月份员工工资条"，并设置字体为"宋体"、"加粗"、"16 磅"，如图 4-92(a)所示。

(5) 在"页脚"对话框的左侧编辑框中单击，然后单击"插入日期"按钮；在中间编辑框中单击，然后单击"插入页码"按钮；在右侧的编辑框中输入制作者姓名，如图 4-92(b)所示。单击"确定"按钮返回"页面设置"对话框，再单击"确定"按钮，完成工作表的页面设置。

(a)

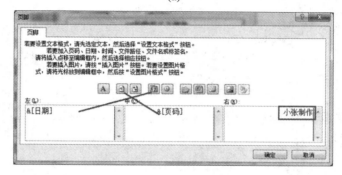

(b)

图 4-92　自定义页眉和页脚

步骤 2：设置打印区域。

(1) 选中 A1:L60 单元格区域。

(2) 单击"页面布局"选项卡"页面设置"组中的"打印区域"按钮，在展开的列表中选择"设置打印区域"项。

步骤 3：分页预览和设置分页符。

(1) 单击"状态栏"上的"分页预览"按钮⊞或单击"视图"选项卡"工作簿视图"组中的"分页预览"按钮，如图 4-93 所示。

图 4-93　单击"分页预览"按钮

(2) 在打开的提示对话框单击"确定"按钮，进入分页预览视图，如图 4-94 所示。从中可看到，工作表被分成 4 页(图中用浅色数字标识)，要打印的区域显示为白色，自动分页符显示为蓝色虚线(图中用椭圆标识)。

(3) 因为我们要将工作表打印在一页纸上，所以要调整分页符的位置。为此，将鼠标指针分别移动到水平分页符或垂直分页符上，待鼠标指针变成左右或上下双向箭头形状时向右或下方拖动，可将工作表要打印的区域调整为一页。

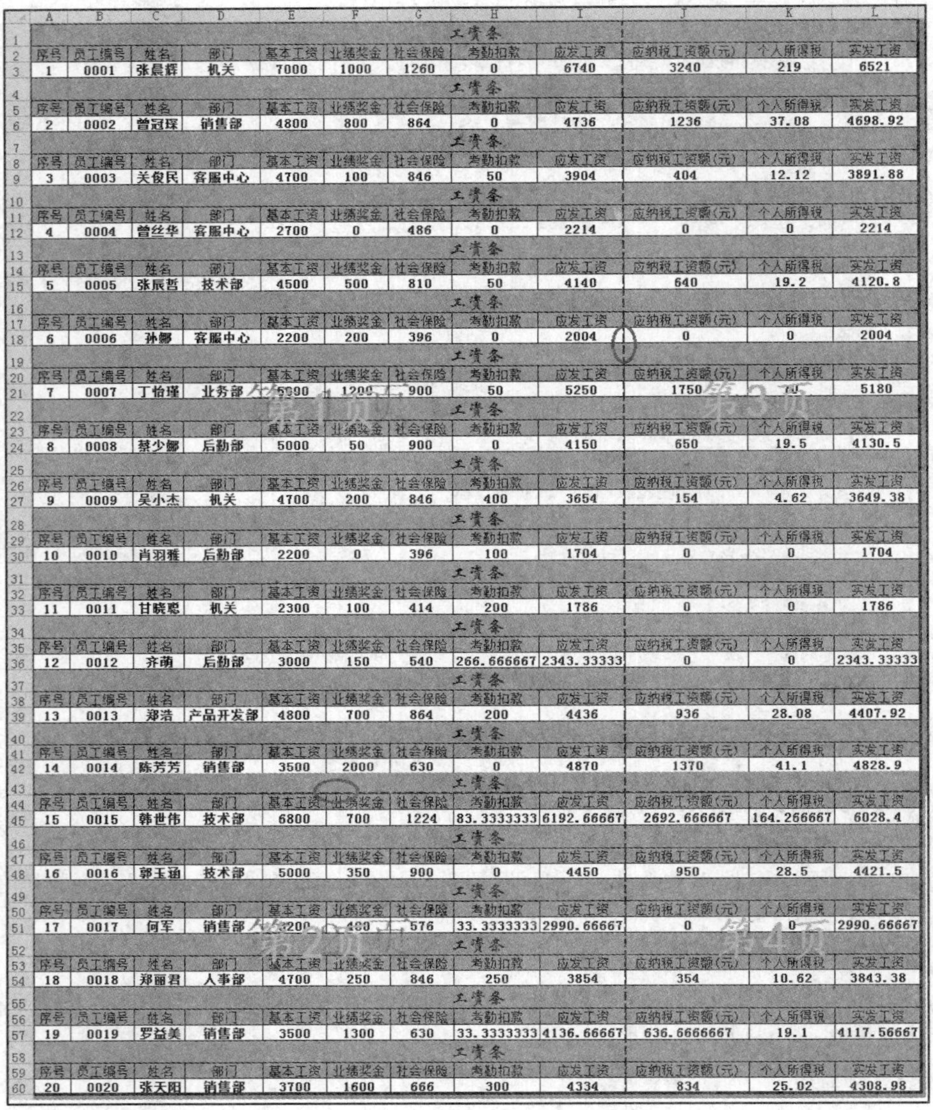

序号	员工编号	姓名	部门	基本工资	业绩奖金	社会保险	考勤扣款	应发工资	应纳税工资额(元)	个人所得税	实发工资
1	0001	张晨辉	机关	7000	1000	1260	0	6740	3240	219	6521
2	0002	曾冠琛	销售部	4800	800	864	0	4736	1236	37.08	4698.92
3	0003	关俊民	客服中心	4700	100	846	0	3904	404	12.12	3891.88
4	0004	曾丝华	客服中心	2700	0	486	0	2214	0	0	2214
5	0005	张辰哲	技术部	4500	500	810	50	4140	640	19.2	4120.8
6	0006	孙娜	客服中心	2200	200	396	0	2004	0	0	2004
7	0007	丁怡瑾	业务部	5990	1200	900	50	5250	1750	70	5180
8	0008	蔡少卿	后勤部	5000	50	900	0	4150	650	19.5	4130.5
9	0009	吴小杰	机关	4700	200	846	400	3654	154	4.62	3649.38
10	0010	肖羽雅	后勤部	2200	0	396	100	1704	0	0	1704
11	0011	甘晓恩	机关	2300	100	414	200	1786	0	0	1786
12	0012	齐萌	后勤部	3000	0	540	266.666667	2343.33333	0	0	2343.33333
13	0013	郑浩	产品开发部	4800	700	864	200	4436	936	28.08	4407.92
14	0014	陈芳芳	销售部	3500	2000	630	0	4870	1370	41.1	4828.9
15	0015	韩世伟	技术部	6800	700	1224	83.3333333	6192.66667	2692.666667	164.266667	6028.4
16	0016	郭玉勐	技术部	5000	350	900	0	4450	950	28.5	4421.5
17	0017	何军	销售部	4200	480	576	33.3333333	2990.66667	0	0	2990.66667
18	0018	郑丽君	人事部	4700	250	846	250	3854	354	10.62	3843.38
19	0019	罗益美	销售部	3500	1300	630	33.3333333	4136.66667	636.6666667	19.1	4117.56667
20	0020	张天阳	销售部	3700	1600	666	300	4334	834	25.02	4308.98

图 4-94　分页预览视图

步骤 4：预览和打印工作表。

(1) 单击"文件"菜单，在展开的列表中单击"打印"项，此时可以在其右侧窗格中查看实际打印效果，如图 4-87 所示。

(2) 在"份数"编辑框中输入要打印的份数；在"打印机"下拉列表中选择要使用的打印机；在"设置"下拉列表中选择要打印的内容；在"页数"编辑框中输入打印范围，此处保持这些选项的默认项。

(3) 单击"打印"按钮，即可按设置的选项和要求打印工作表。

单元 5　企业日常财务管理

　　企业财务管理是指企业为实现良好的经济效益，在组织企业的财务活动、处理财务关系过程中所进行的科学预测、决策、计划、控制、协调、核算、分析和考核等一系列企业经济活动过程中管理工作的全称。本项目通过制作会计科目表、记账凭证汇总表、总账表和利润表，来学习利用 Excel 进行日常财务管理的操作。

情景导入

　　小李在一家执行小企业会计制度的商业企业做会计。现在需要他为公司建立一系列会计科目表。完成后的表格，如果修改表中某些数据，表格结果也会跟随数据的变动而自动更改。

　　在日常的会计核算中，会计科目一般情况下分为一、二、三、四级科目。会计科目是按照经济业务的内容和经济管理的要求，对会计要素的具体内容进行分类核算的科目。资产类科目均以 1 为第一位数字，负债类科目均以 2 为第一位数字，所有者权益类科目均以 3 为第一位数字，成本类科目均以 4 为第一位数字，损益类科目均以 5 为第一位数字。在第一位数字主要类别之下，业务性质相同的会计科目都以同样的号码为第二位数字，在相同业务性质的会计科目下，再以第三位依次排列各个会计科目。其中第二位小类的排列顺序为：资产类下面的小类按照变现能力大小排序，负债类下面的小类按照流动性大小排序，所有者权益类下面的小类按照转化为资本的能力大小排序。

学习要点

> 　学会制作会计科目表的方法。
> 　学会制作记账凭证汇总表的方法。
> 　学会制作总账表的方法。
> 　学会制作利润表的方法。

任务 1　制作会计科目表

任务描述

　　小李需要做一个会计科目表。科目表中前六个字段："序号"、"科目性质"、"科目代码"、"总账科目"、"明细科目"、"余额方向"是需要小李自己录入的；最后一个字段"账户名称”是系统根据小李输入的总账科目和明细科目自动生成的。

该 Excel 工作表有两个优点。第一，可以减少小李的一部分录入文字工作量；第二，如果“总账科目”或“明细科目”有改动，小李只要检查这两个字段有没有问题就可以了，后面的“账户名称”字段会跟随前面内容的变化而自动修改。

作品展示

“会计科目表”完成图如图 5-1 所示。

	A	B	C	D	E	F	G
1	会计科目表						
2	序号	科目性质	科目代码	总账科目	明细科目	余额方向	账户名称
3	1	资产类	1001	库存现金		借	库存现金
4	2		1002	银行存款		借	银行存款
5	3		100201	银行存款	建设银行	借	银行存款——建设银行
6	4		100202	银行存款	工商银行	借	银行存款——工商银行
7	5		1015	其它货币基金		借	其它货币基金
8	6		1121	应收票据		借	应收票据
9	7		1122	应收账款		借	应收账款
10	8		1123	预付账款		借	预付账款
11	9		1231	其它应收款		借	其它应收款
12	10		1241	坏账准备		贷	坏账准备
13	11		1401	材料采购		借	材料采购
14	12		1403	原材料		借	原材料
15	13		1406	库存商品		借	库存商品
16	14		1501	待摊费用		借	待摊费用
17	15		1531	长期应收款		借	长期应收款
18	16		1601	固定资产		借	固定资产
19	17		1602	累计折旧		贷	累计折旧
20	18		1901	待处理财产损益		借	待处理财产损益
21	19	负债类	2001	短期借款		贷	短期借款
22	20		2202	应付账款		贷	应付账款
23	21		2211	应付职工薪酬		贷	应付职工薪酬
24	22		221101	应付职工薪酬	员工工资	贷	应付职工薪酬——员工工资
25	23		221102	应付职工薪酬	员工福利费	贷	应付职工薪酬——员工福利费
26	24		221103	应付职工薪酬	保险费	贷	应付职工薪酬——保险费
27	25		221104	应付职工薪酬	代扣个人所得税	贷	应付职工薪酬——代扣个人所得税
28	26		2221	应交税费		贷	应交税费
29	27		222101	应交税费	应交增值税	贷	应交税费——应交增值税
30	28		22210101	应交税费	应交增值税（进项税额）	贷	应交税费——应交增值税（进项税额）
31	29		22210102	应交税费	应交增值税（销项税额）	贷	应交税费——应交增值税（销项税额）
32	30		222102	应交税费	应交所得税	贷	应交税费——应交所得税
33	31		222103	应交税费	应交个人所得税	贷	应交税费——应交个人所得税
34	32		2231	应付股利		贷	应付股利
35	33		2232	应付利息		贷	应付利息
36	34		2241	其他应付款		贷	其他应付款
37	35		2601	长期借款		贷	长期借款
38	36		2602	长期债券		贷	长期债券
39	37	所有者权益类	4001	实收资本		贷	实收资本
40	38		4002	资本公积		贷	资本公积
41	39		4101	盈余公积		贷	盈余公积
42	40		4103	本年利润		贷	本年利润
43	41		4104	利润分配		贷	利润分配
44	42	损益类	6001	主营业务收入		借	主营业务收入
45	43		6401	主营业务成本		借	主营业务成本
46	44		6405	营业税金及附加		借	营业税金及附加
47	45		6601	销售费用		借	销售费用
48	46		6602	管理费用		借	管理费用
49	47		6603	财务费用		借	财务费用
50	48		6801	所得税		借	所得税
51	49		6901	以前年度损益调整		借	以前年度损益调整

图 5-1 “会计科目表”完成图

任务要点

➢ 制作会计科目表格。

➢ 设置公式填写账户名称。

**任务实施**

1. 制作会计科目表

步骤 1：新建"企业日常财务管理"工作簿，然后将工作表"Sheet1"重命名为"会计科目表"。

步骤 2：将 A1:F1 单元格"合并后居中"，并将其行高设置为 27 磅。在"会计科目表"工作表中，输入标题"会 计 科 目 表"(文字间用空格分开)，字符格式为华文行楷，20 磅，文字相对于单元格水平居中，垂直居中。

步骤 3：输入"序号"、"科目代码"、"总账科目"、"明细科目"、"余额方向"、"账户名称"字段名。然后将文字格式设置为"黑体"，12 磅；行高设置为 14.5 磅。

步骤 4：分别在 A3 和 A4 单元格输入 1 和 2，然后选中 A3：A4 单元格区域，拖动右下角的填充柄，到 A40 单元格后释放鼠标，填充"序号"列数据。

步骤 5：将"科目代码"列的数字格式设置为"文本"并输入一级科目代码；然后输入其后面对应的"总账科目"名称，如图 5-2 所示。

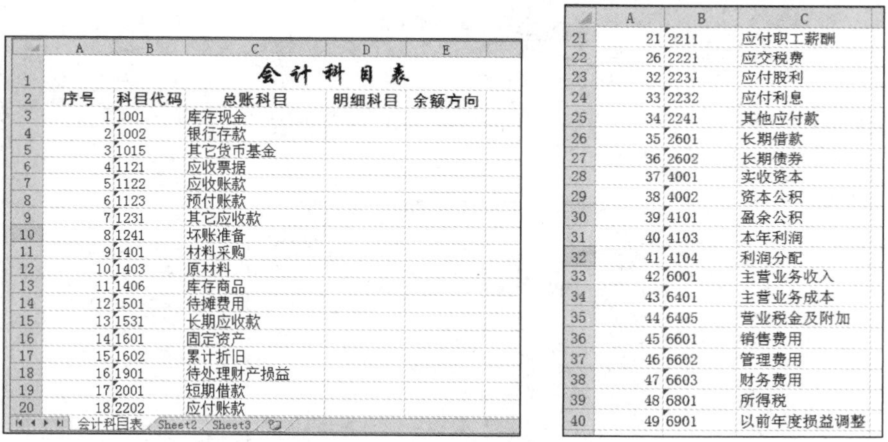

图 5-2　输入"科目代码"和"总账科目"

步骤 6：选中第 5 行和第 6 行，单击"开始"选项卡的"单元格"组中的"插入"按钮右侧的三角按钮，在展开的列表中选择"插入工作表行"，在新建的行中录入数据，如图 5-3 所示。

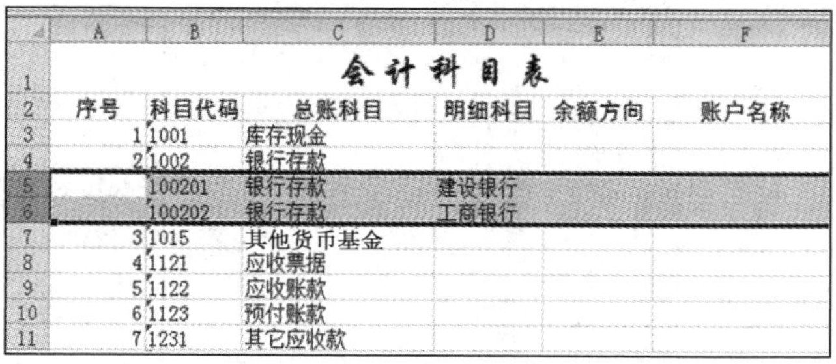

图 5-3　在第 5、6 行中录入数据

步骤 7：右击第 24 行的行号，在弹出的菜单中选择"插入"，在该行前插入一行。重复该步骤，共在其前面增加 4 行。在新增加的行上添加内容，如图 5-4 所示。

	A	B	C	D	E	F
22	20	2202	应付账款			
23	21	2211	应付职工薪酬			
24	22	221101	应付职工薪酬	员工工资		
25	23	221102	应付职工薪酬	员工福利费		
26	24	221103	应付职工薪酬	保险费		
27	25	221104	应付职工薪酬	代扣个人所得税		
28	26	2221	应交税费			

图 5-4　在 24～27 行中录入数据

步骤 8： 在"应交税费"行的后面添加 5 行，然后在新增加的行上添加内容。如图 5-5 所示。

	A	B	C	D	E	F
25	23	221102	应付职工薪酬	员工福利费		
26	24	221103	应付职工薪酬	员工保险费		
27	25	221104	应付职工薪酬	代扣个人所得税		
28	26	2221	应交税费			
29	27	222101	应交税费	应交增值税		
30	28	22210101	应交税费	应交增值税（进项税额）		
31	29	22210102	应交税费	应交增值税（销项税额）		
32	30	222102	应交税费	应交所得税		
33	31	222103	应交税费	应交个人所得税		
34	32	2231	应付股利			
35	33	2232	应付利息			
36	34	2241	其他应付款			

图 5-5　在 29～33 行中录入数据

步骤 9： 选中 A3 和 A4 单元格，向下拖动填充柄到 A51 单元格，为"序号"列重新填充数据，完成结果如图 5-6 所示。

图 5-6　重新填充"序号"列

步骤 10： 按照完成效果图所示，在"余额方向"列中填充"借"或"贷"。

2．设置公式填写账户名称

账户名称是由 IF()函数实现的。具体操作步骤如下：

步骤 1： 选定 F3 单元格，然后单击"公式"选项卡下的"函数库"组中的"逻辑"按钮，在展开的列表中选择"IF"函数，如图 5-7 所示。

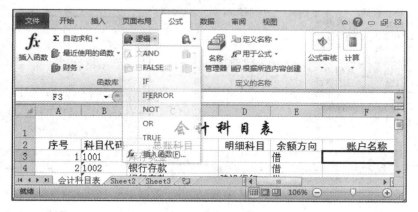

图 5-7　选择 IF 函数

步骤 2： 在打开的 IF 函数"函数参数"对话框，设置函数参数，如图 5-8 所示。

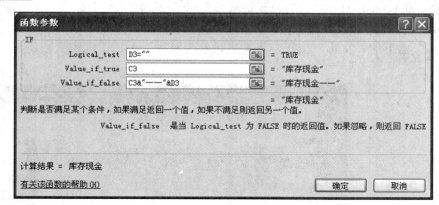

图 5-8　设置 IF 函数的参数

步骤 3： 单击"确定"按钮，返回工作表，可以看到 F3 单元格中 IF 函数的运算结果，如图 5-9 所示。

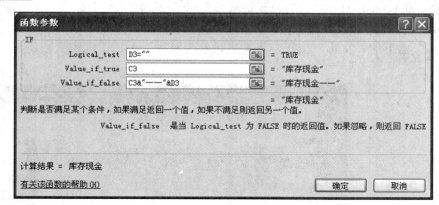

图 5-9　IF 函数运算结果

步骤 4：双击 F3 单元格的填充柄，复制公式，然后将账户名称列设置为最合适的列宽，如图 5-10 所示。

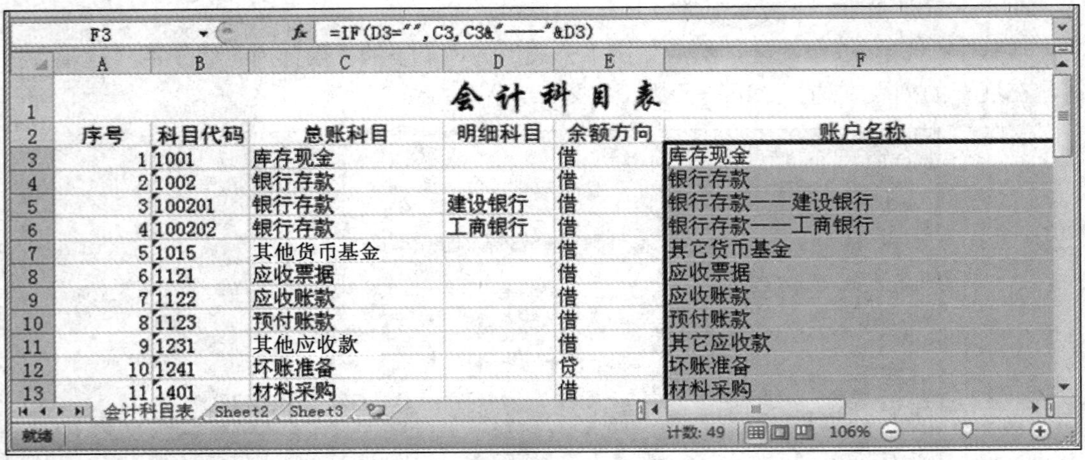

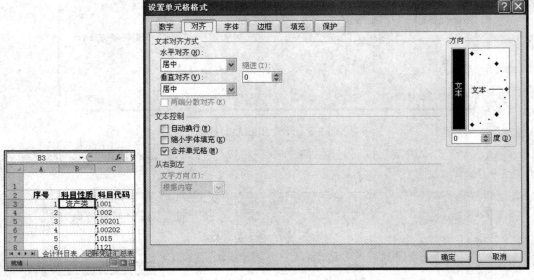

图 5-10　复制公式填充数据

步骤 5：在"序号"和"科目代码"字段之间插入"科目性质"字段，然后在 B3 单元格中输入文本"资产类"。选中 B3:B20 单元格区域，单击"开始"选项卡"对齐方式"组右下角的展开按钮，打开"设置单元格格式"对话框。将"水平对齐"和"垂直对齐"方式设置为"居中"，然后选中"文本控制"组中"合并单元格"前的复选框。最后，单击"方向"框下的"文本"按钮，将文字设置为竖排。单击"确定"按钮，如图 5-11 所示。

图 5-11　输入文本并设置单元格格式

步骤 6：用同样的方法填充其他科目性质，会计科目表完成，如图 5-12 所示。

25	221104	应付职工薪酬
26	2221	应交税费
27	222101	应交税费
28	22210101	应交税费
29	22210102	应交税费
30	222102	应交税费
31	222103	应交税费
32	2231	应付股利
33	2232	应付利息
34	2241	其他应付款
35	2601	长期借款
36	2602	长期债券
37	4001	实收资本
38	4002	资本公积
39	4101	盈余公积
40	4103	本年利润
41	4104	利润分配
42	6001	主营业务收入
43	6401	主营业务成本
44	6405	营业税金及附加
45	6601	销售费用
46	6602	管理费用
47	6603	财务费用
48	6801	所得税
49	6901	以前年度损益调整

（负债类：25—36；所有者权益类：37—41；损益类：42—49）

19	2001	短期借款
20	2202	应付账款
21	2211	应付职工薪酬
22	221101	应付职工薪酬
23	221102	应付职工薪酬
24	221103	应付职工薪酬
25	221104	应付职工薪酬
26	2221	应交税费
27	222101	应交税费
28	22210101	应交税费
29	22210102	应交税费
30	222102	应交税费
31	222103	应交税费
32	2231	应付股利
33	2232	应付利息
34	2241	其他应付款
35	2601	长期借款
36	2602	长期债券

（负债类）

图 5-12　设置"科目性质"列

任务 2　制作记账凭证汇总表

任务描述

　　工作一段时间后，小李要使用 Excel 电子表格对经济业务内容加以归类整理编制。在制作记账凭证汇总表格过程中，他需要根据实际情况输入部分相应的信息，然后利用公式引入其他工作表中的数据。

　　记账凭证汇总表亦称"科目汇总表"，是定期对全部记账凭证进行汇总，按各个会计科目列示其借方发生额和贷方发生额的一种汇总凭证。依据借贷记账法的基本原理，记账凭证汇总表中各个会计科目的借方发生额合计与贷方发生额合计应该相等，因此，记账凭证汇总表具有试算平衡的作用。

作品展示

　　部分记账凭证汇总表如图 5-13 所示。

日期	凭证号	摘 要	科目代码	账户名称	总账代码	总账科目	借方金额	贷方金额
				记账凭证汇总表				
2016/8/1	0001	提取备用金	1001	库存现金	1001	库存现金	¥ 4,000.00	
2016/8/1	0001	提取备用金	100201	银行存款——建设银行	1002	银行存款		¥ 4,000.00
2016/8/3	0002	报销招待费	6601	销售费用	6601	销售费用	¥ 1,500.00	
2016/8/3	0002	报销招待费	1001	库存现金	1001	库存现金		¥ 1,500.00
2016/8/5	0003	采购电脑	1401	材料采购	1401	材料采购	¥ 208,000.00	
2016/8/5	0003	采购电脑	22210101	应交税费——应交增值税（进项税额）	2221	应交税费	¥ 35,360.00	
2016/8/5	0003	采购电脑	100202	银行存款——工商银行	1002	银行存款		¥ 243,360.00
2016/8/7	0004	商品入库	1406	库存商品	1406	库存商品	¥ 208,000.00	
2016/8/7	0004	商品入库	1401	材料采购	1401	材料采购		¥ 208,000.00
2016/8/10	0005	采购惠普打印机	1401	材料采购	1401	材料采购	¥ 98,000.00	
2016/8/10	0005	采购惠普打印机	2202	应付账款	2202	应付账款		¥ 98,000.00
2016/8/10	0006	商品入库	1406	库存商品	1406	库存商品	¥ 98,000.00	
2016/8/10	0006	商品入库	1401	材料采购	1401	材料采购		¥ 98,000.00
2016/8/10	0007	销售电脑	1122	应收账款	1122	应收账款	¥ 393,120.00	
2016/8/10	0007	销售电脑	6001	主营业务收入	6001	主营业务收入		¥ 336,000.00
2016/8/10	0007	销售电脑	22210102	应交税费——应交增值税（销项税额）	2221	应交税费		¥ 57,120.00
2016/8/10	0008	结转销售成本	6401	主营业务成本	6401	主营业务成本	¥ 270,000.00	
2016/8/10	0008	结转销售成本	1406	库存商品	1406	库存商品		¥ 270,000.00
2016/8/10	0009	收到花香企业部分货款	100201	银行存款——建设银行	1002	银行存款	¥ 60,000.00	
2016/8/10	0009	收到花香企业部分货款	1122	应收账款	1122	应收账款		¥ 60,000.00
2016/8/10	0010	收到花香实业货款	100201	银行存款——建设银行	1002	银行存款	¥ 47,520.00	
2016/8/10	0010	收到花香实业货款	6603	财务费用	6603	财务费用	¥ 480.00	
2016/8/10	0010	收到花香实业货款	1122	应收账款	1122	应收账款		¥ 48,000.00
2016/8/10	0011	发放7月份工资	2211	应付职工薪酬	2211	应付职工薪酬	¥ 79,420.00	
2016/8/10	0011	发放7月份工资	100202	银行存款——工商银行	1002	银行存款		¥ 79,420.00
2016/8/10	0012	计提8月份保险费	6602	管理费用	6602	管理费用	¥ 25,500.00	
2016/8/10	0012	计提8月份保险费	1231	其它应收款	1231	其它应收款	¥ 4,500.00	
2016/8/10	0012	计提8月份保险费	221103	应付职工薪酬——保险费	2211	应付职工薪酬		¥ 30,000.00
2016/8/10	0013	支付8月份保险费	221103	应付职工薪酬——保险费	2211	应付职工薪酬	¥ 30,000.00	
2016/8/10	0013	支付8月份保险费	100202	银行存款——工商银行	1002	银行存款		¥ 30,000.00
2016/8/12	0014	销售联想电脑	1122	应收账款	1122	应收账款	¥ 168,480.00	
2016/8/12	0014	销售联想电脑	6001	主营业务收入	6001	主营业务收入		¥ 144,000.00
2016/8/12	0014	销售联想电脑	22210102	应交税费——应交增值税（销项税额）	2221	应交税费		¥ 24,480.00
2016/8/12	0015	结转销售成本	6401	主营业务成本	6401	主营业务成本	¥ 104,000.00	
2016/8/12	0015	结转销售成本	1406	库存商品	1406	库存商品		¥ 104,000.00
2016/8/13	0016	支付运输费、装卸费和包装费	6601	销售费用	6601	销售费用	¥ 6,000.00	
2016/8/13	0016	支付运输费、装卸费和包装费	100201	银行存款——建设银行	1002	银行存款		¥ 6,000.00

图 5-13 "记账凭证汇总表"（部分）

任务要点

➢ 制作记账凭证汇总表格。
➢ 设置公式引用数据。

任务实施

1．制作会计科目表

步骤 1：打开"企业日常财务管理"工作簿，将工作表"sheet2"重命名为"记账凭证汇总表"，然后在表格中输入标题和字段名。其中，标题的字符格式为隶书、20 磅，行高25.5 磅，合并后居中。字段名的字符格式为宋体、12 磅、加粗，行高 14.25 磅。其余各行行高为 13.5 磅，如图 5-14 所示。

日期	凭证号	摘 要	科目代码	账户名称	总账代码	总账科目	借方金额	贷方金额
				记账凭证汇总表				

图 5-14 设置表格标题和字段名

步骤 2：根据记账凭证填制日期和凭证号，设置"凭证号"列的格式为前置零效果。选中 C3 到 C109 单元格区域，右击，在弹出的快捷菜单中选择"设置单元格格式"，在打开的对话框的"数字"选项卡的"分类"列表中选择"自定义"选项，将"凭证号"字段内容设置为自定义"0000"格式。设置日期列的格式为"YYYY/M/D"。

※重点提示

以下是几种常用的 Excel "单元格格式" 自定义规则：

① "G/通用格式"：以常规的数字显示，相当于 "分类" 列表中的 "常规" 选项。例：代码为 "G/通用格式"。10 显示为 10，10.1 显示为 10.1。

② "#"：数字占位符。只显示有意义的零而不显示无意义的零。小数点后的数字如大于 "#" 的数量，则按 "#" 的位数四舍五入。例：代码为 "###.##"，12.1 显示为 12.10；12.1263 显示为：12.13。

③ "0"：数字占位符。如果单元格的内容大于占位符，则显示实际数字，如果小于占位符的数量，则用 0 补足。例：代码为 "00000"，1234567 显示为 1234567，123 显示为 00123。代码为 "00.000"，100.14 显示为 100.140，1.1 显示为 01.100。

④ ","：千位分隔符。例：代码 "#,###"，12000 显示为 12,000。

⑤ 时间和日期代码常用日期和时间代码：

"YYYY" 或 "YY"：按四位 (1900～9999) 或两位 (00～99) 显示年。

"MM" 或 "M"：以两位 (01～12) 或一位 (1～12) 表示月。

"DD" 或 "D"：以两位 (01～31) 或一位 (1～31) 来表示天。

例：代码为 "YYYY-MM-DD"。2005 年 1 月 10 日显示为 "2005-01-10"。

步骤 3： 设置 "科目代码" 字段的数据有效性。

(1) 选中 "会计科目表" 的 C3:C51 单元格区域，在编辑栏的名称框中输入 "会计科目"，按回车键确认。

(2) 选中 "记账凭证汇总表" 的 E3:E109 单元格区域，然后单击 "数据" 选项卡 "数据工具" 组中 "数据有效性" 按钮，如图 5-15 所示，打开 "数据有效性" 对话框。

图 5-15　选择 "数据有效性"

(3) 在 "有效性条件" 下拉列表中选择 "序列"，然后在 "来源" 编辑框中输入 "=科目代码"，如图 5-16 左图所示。单击 "确定" 按钮后，单击该单元格即可看到设置效果。

步骤 4： 选中 "借方金额" 和 "贷方金额" 字段，然后在 "开始" 选项卡的 "数字" 组中单击 "数字格式" 按钮右侧的三角按钮，在弹出的下拉列表中选择 "会计专用"，如图 5-16 右图所示。

步骤 5： 在表格中的 "科目代码"、"借方金额"、"贷方金额" 字段相应位置输入记账凭证信息。

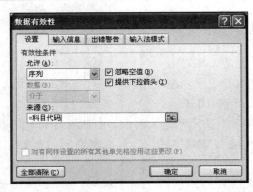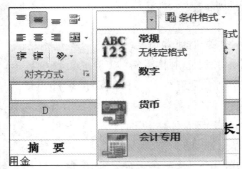

图 5-16　设置"数据有效性"和"会计专用"

2．设置公式填写账户名称

下面利用 VLOOKUP()和 LEFT()函数来引入相关数据。具体操作步骤如下：

步骤 1：选中单元格 F3，单击编辑栏左侧的 f_x，在打开的对话框中选择 VLOOKUP() 函数，确定后打开 VLOOKUP 函数的"函数参数"对话框，设置函数参数，如图 5-17 所示。单击"确定"按钮完成设置。

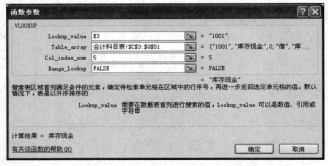

图 5-17　VLOOKUP()函数参数设置

步骤 2：双击 F3 单元格右下角的填充柄，填充"账户名称"字段所有数据。

步骤 3：填充"总账代码"字段数据。选中 G3 单元格，单击编辑栏左侧的 f_x，在打开的对话框中选择 LEFT()函数，确定后弹出"函数参数"对话框，设置函数参数如图 5-18 所示。单击"确定"按钮完成设置。双击 G3 单元格右下角的填充柄，填充"总账代码"字段的所有数据。

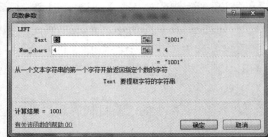

图 5-18　LEFT()函数的设置

※重点提示

> LEFT()函数用于从一个文本字符串的第一个字符开始返回指定个数字符。
> ① 语法：LEFT(string,n)；
> ② 参数；
> string：必要参数。字符串表达式其中最左边的那些字符将被返回。如果 string 包含 Null，将返回 Null。
> n：必要参数。指出将返回多少个字符。如果为 0，返回零长度字符串 """"。如果大于或等于 string 的字符数，则返回整个字符串。

步骤 4：选中"会计科目表"的 D3:D51 单元格区域，然后在"公式选项卡"的"定义名称"组中单击"定义名称"按钮，如图 5-19 所示。

图 5-19　定义名称标签

步骤 5：在打开对话框的"名称"编辑框中输入"总账科目"，"引用位置"编辑框中自动显示"=会计科目表!$D$3:$D$51"，即之前选定的单元格区域。用同样的方式定义名称"科目代码"，单元格区域为会计科目表的 C3:C51 区域。完成结果如图 5-20 所示。

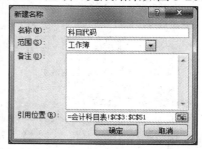

图 5-20　定义名称

步骤 6：将光标放到 H3 单元格，单击编辑栏左侧的 **fx**，在打开的对话框中选择 LOOKUP()函数，单击"确定"按钮打开 LOOKUP 函数的"函数参数"对话框。将光标放在 Lookup_value 文本框右侧，然后单击编辑栏中函数框右侧的三角按钮，打开函数列表，从中选择"LEFT"函数，如图 5-21 所示。

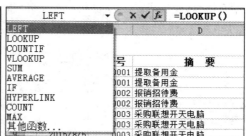

图 5-21　在 Lookup_value 栏编辑 LEFT()函数

步骤 7：设置 LEFT() 函数参数，如图 5-22 所示。设置完成后，单击编辑栏中的"LOOKUP"返回到 LOOKUP() 函数参数对话框，如图 5-23 所示。

图 5-22　LEFT() 函数设置

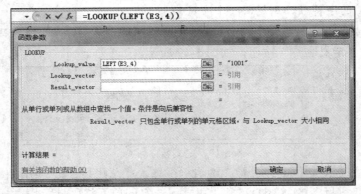

图 5-23　返回后的 LOOKUP() 函数

步骤 8：在 LOOKUP() 函数对话框中设置函数参数，如图 5-24 所示。单击"确定"按钮完成设置。

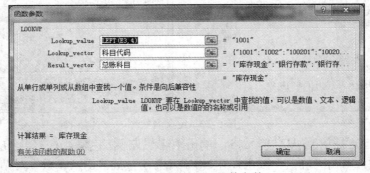

图 5-24　LOOKUP() 函数参数

步骤 9：向下复制公式填充整个字段，并调整相关列的列宽，即可完成"记账凭证汇总表"的制作。

任务 3　制作总账表

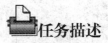任务描述

在月底，小李需要编制总账表。总账又称为总分类账，是根据一级会计科目设置的，

总结反映全部经济业务和资金状况的账簿。总账表主要包括期初余额，本期发生额和期末余额等内容。小李需要制作总账表格，然后设置公式引用数据，最后计算本期发生额和期末余额。

由于编制财务报表的直接依据是会计账簿(也称为总账)，所有报表的数据都来源于会计账簿。因此，为保证财务报表数据的正确性，编制报表前必须做好对账和结账工作，一定要保证账证相符、账账相符和账实相符，以保证财务报表的正确性。

企业日常财务管理

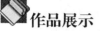**作品展示**

财物总账效果如图 5-25 所示。

	A	B	C	D	E	F
1			财 务 总 账			
2	总账代码	总账名称	期初余额	本期发生额		期末余额
3				借方	贷方	
4	1001	库存现金	¥ 50,000.00	¥ 5,000.00	¥ 8,780.00	¥ 46,220.00
5	1002	银行存款	¥ 141,244.50	496,000.00	¥ 477,906.26	¥ 159,338.24
6	1015	其它货币基金	¥ –	¥ –	¥ –	¥ –
7	1121	应收票据	¥ –	¥ –	¥ –	¥ –
8	1122	应收账款	¥ 106,000.00	¥ 1,258,920.00	¥ 496,480.00	¥ 868,440.00
9	1123	预付账款	¥ –	¥ –	¥ –	¥ –
10	1231	其它应收款	¥ –	10,500.00	¥ 14,140.00	¥ -3,640.00
11	1241	坏账准备	¥ –	¥ –	¥ 4,680.00	¥ -4,680.00
12	1401	材料采购	¥ –	780,000.00	¥ 780,000.00	¥ –
13	1403	原材料	¥ –	¥ –	¥ –	¥ –
14	1406	库存商品	¥ 395,500.00	780,000.00	¥ 846,000.00	¥ 329,500.00
15	1501	待摊费用	¥ –	¥ –	¥ –	¥ –
16	1531	长期应收款	¥ –	¥ –	¥ –	¥ –
17	1601	固定资产	¥ 107,800.00	¥ –	¥ –	¥ 107,800.00
18	1602	累计折旧	¥ -44,729.15	¥ –	¥ 2,006.62	¥ -46,735.77
19	1901	待处理财产损益	¥ –	¥ –	¥ –	¥ –
20	2001	短期借款	¥ -210,000.00	¥ –	¥ –	¥ -210,000.00
21	2202	应付账款	¥ –	98,000.00	¥ 652,580.00	¥ -554,580.00
22	2211	应付职工薪酬	¥ -38,710.00	118,966.26	¥ 148,527.54	¥ -68,271.28
23	2221	应交税费	¥ -32,849.00	116,066.26	¥ 195,372.72	¥ -112,155.46
24	2231	应付股利	¥ –	¥ –	¥ –	¥ –
25	2232	应付利息	¥ –	¥ –	¥ –	¥ –
26	2241	其他应付款	¥ –	¥ –	¥ –	¥ –
27	2601	长期借款	¥ –	¥ –	¥ –	¥ –
28	2602	长期债券	¥ –	¥ –	¥ –	¥ –
29	4001	实收资本	¥ -380,000.00	¥ –	¥ –	¥ -380,000.00
30	4002	资本公积	¥ –	¥ –	¥ –	¥ –
31	4101	盈余公积	¥ –	¥ –	¥ –	¥ –
32	4103	本年利润	¥ -19,256.35	¥ 1,039,020.62	¥ 1,076,000.00	¥ -56,235.73
33	4104	利润分配	¥ –	¥ –	¥ –	¥ –
34	6001	主营业务收入	¥ –	¥ 1,076,000.00	¥ 1,076,000.00	¥ –
35	6401	主营业务成本	¥ –	846,000.00	¥ 846,000.00	¥ –
36	6405	营业税金及附加	¥ –	¥ –	¥ –	¥ –
37	6601	销售费用	¥ –	17,500.00	¥ 17,500.00	¥ –
38	6602	管理费用	¥ –	161,714.16	¥ 161,714.16	¥ –
39	6603	财务费用	¥ –	1,480.00	¥ 1,480.00	¥ –
40	6801	所得税	¥ –	12,326.46	¥ 12,326.46	¥ –
41	6901	以前年度损益调整	¥ –	¥ –	¥ –	¥ –

图 5-25　财务总账

任务要点

- ➢ 制作表格并引用数据。
- ➢ 计算本期发生额。
- ➢ 计算期末余额。

任务实施

1. 制作表格并引用数据

步骤 1: 将"企业日常财务管理"工作簿的"sheet3"工作表重命名为"总账表",然后在其中制作账务总账表格,合并及居中单元格后,输入表格标题和字段名。其中标题的字符格式为方正舒体,22 磅,行高为 25.5 磅,合并后居中。字段名的字符格式为楷体_GB2312,12 磅、加粗。完成后的效果如图 5-26 所示。完成后设置 C:F 列的格式为"会计专用"。

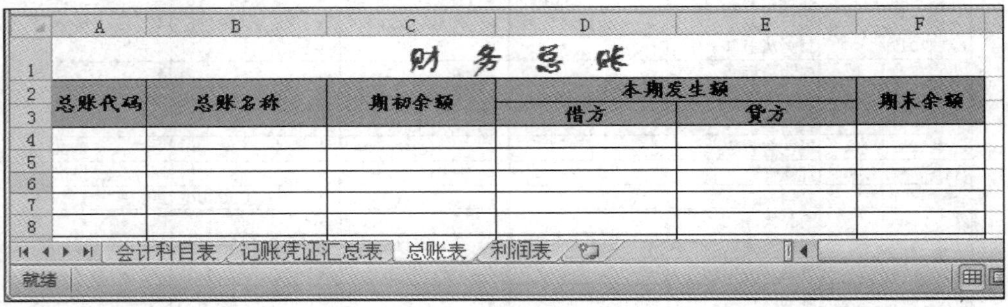

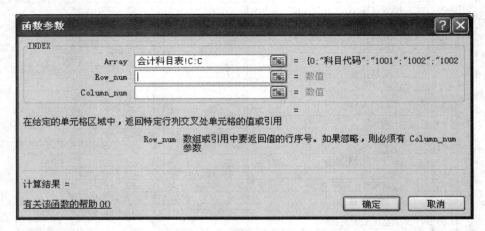

图 5-26　制作财务总账表

步骤 2: 单击 A4 单元格,再单击编辑栏的 f_x,选择 INDEX()函数,确定后打开"函数参数"对话框。在 Array 单元格输入"会计科目表!C:C",表示引用会计科目表 C 列的数据,如图 5-27 所示。

图 5-27　编辑 INDEX()函数的 Array 文本框

※重点提示

> INDEX 函数的功能：返回数组中指定的单元格或单元格数组的数值。
>
> 语法：INDEX(Array, Row_num, Column_num)；
>
> Array 为单元格区域或数组常数；
>
> Row_num 为数组中某行的行序号，函数从该行返回数值。如果省略 Row_num，则必须有 Column_num；
>
> Column_num 是数组中某列的列序号，函数从该列返回数值。如果省略 Column_num，则必须有 Row_num。

<u>步骤 3</u>：在"函数参数"对话框的 **Row_num** 编辑框单击，然后单击编辑栏左侧函数右边的黑色倒三角形，打开函数列表，从中选择"其他函数"，在打开的"插入函数"对话框中选择"MATCH"，如图 5-28 所示。

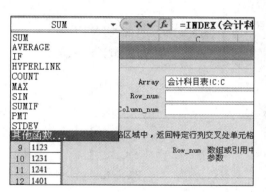 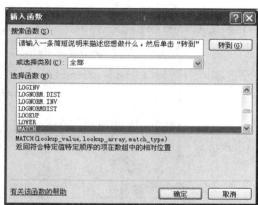

图 5-28   在 Row_num 中增加 MATCH()函数

※重点提示

> MATCH 函数的功能：返回指定数值在指定数组区域中的位置。
>
> 语法：MATCH(Lookup_value, Lookup_array, match_type)；
>
> Lookup_value：需要在数据表(Lookup_array)中查找的值。
>
> Lookup_array：可能包含有所要查找数值的连续的单元格区域，区域必须包含在某一行或某一列，即必须为一维数据，引用的查找区域是一维数组。
>
> match_type：为 1 时，查找小于或等于 Lookup_value 的最大数值在 Lookup_array 中的位置，Lookup_array 必须按升序排列；为 0 时，查找等于 Lookup_value 的第一个数值，Lookup_array 按任意顺序排列；为-1 时，查找大于或等于 Lookup_value 的最小数值在 Lookup_array 中的位置，Lookup_array 必须按降序排列。
>
> 利用 MATCH 函数查找功能时，当查找条件存在时，MATCH 函数结果为具体位置(数值)，否则显示#N/A 错误。

<u>步骤 4</u>：确定后在打开的 **MATCH** 函数对话框分别设置 Lookup_value，Lookup_array

和 Match_type，如图 5-29 所示。

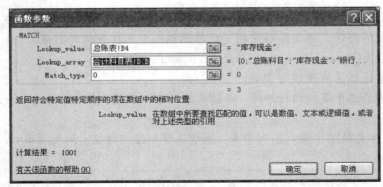

图 5-29　设置 MATCH ()函数的参数

步骤 5： 设置完 MATCH 函数后，单击编辑栏 ![fx] 右侧公式中的 INDEX，回到 INDEX 的"函数参数"对话框，完成后如图 5-30 所示。完成后编辑栏显示的公式为"=INDEX(会计科目表!C:C,MATCH(总账表!B4,会计科目表!D:D,0))"。

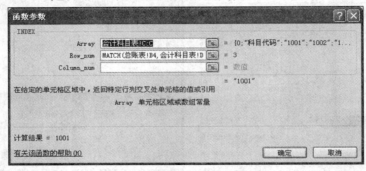

图 5-30　完成后的 INDEX()对话框

步骤 6： 使用函数填充"总账名称"。单击 B4 单元格，再单击编辑栏左侧的 ![fx]，选择 IF 函数，打开"函数参数"对话框。在 Logical_test 编辑框单击，然后单击编辑栏左侧函数右边的黑色倒三角形，打开函数下拉菜单，从中选择"其他函数"，从弹出的"插入函数"对话框中选择"COUNTIF"函数，如图 5-31 所示。

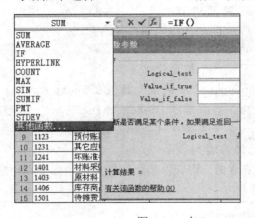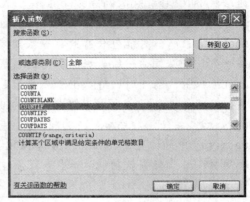

图 5-31　在 Row_num 中增加 COUNTIF ()函数

步骤 7：确定后在打开的"函数参数"对话框中，设置 COUNTIF 函数参数，如图 5-32 所示。

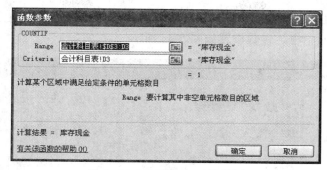

图 5-32　COUNTIF()函数设置

步骤 8：设置完 COUNTIF 函数后，单击编辑栏 ![fx] 右侧公式中的 IF，回到 IF 函数的"函数参数"对话框，完成后的效果如图 5-33 所示。完成后编辑栏显示的公式为"=IF(COUNTIF(会计科目表!$D$3:D3,会计科目表!D3)<=1,会计科目表!D3,"")"。

图 5-33　COUNTIF()函数的"函数参数"设置

步骤 9：分别向下复制 A4 和 B4 单元格中的公式，完成对"总账代码"和"总账名称"列的填充，并适当调整列宽，完成后手动填入"期初余额"字段，结果如图 5-34 所示。

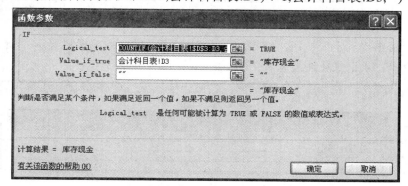

	A	B	C
1			财 务
2	总账代码	总账名称	期初余额
4	1001	库存现金	￥　50,000.00
5	1002	银行存款	￥　141,244.50
6	1015	其它货币基金	
7	1121	应收票据	
8	1122	应收账款	￥ · 106,000.00
9	1123	预付账款	
10	1231	其它应收款	
11	1241	坏账准备	
12	1401	材料采购	
13	1403	原材料	
14	1406	库存商品	￥　395,500.00
15	1501	待摊费用	
16	1531	长期应收款	
17	1601	固定资产	￥　107,800.00
18	1602	累计折旧	￥　-44,729.15
19	1901	待处理财产损益	
20	2001	短期借款	￥　-210,000.00

	A	B	C
21	2202	应付账款	
22	2211	应付薪酬	￥　-38,710.00
23	2221	应交税费	￥　-32,849.00
24	2231	应付股利	
25	2232	应付利息	
26	2241	其他应付款	
27	2601	长期借款	
28	2602	长期债券	
29	4001	实收资本	￥　-380,000.00
30	4002	资本公积	
31	4101	盈余公积	
32	4103	本年利润	￥　-19,256.35
33	4104	利润分配	
34	6001	主营业务收入	
35	6401	主营业务成本	
36	6405	营业税金及附加	
37	6601	销售费用	
38	6602	管理费用	
39	6603	财务费用	
40	6801	所得税	
41	6901	以前年度损益调整	

图 5-34　复制公式填充"总账代码"和"总账名称"列

2．计算本期发生额

以下使用 SUMIF 函数来计算本期发生额。具体操作步骤如下：

步骤 1：单击 D4 单元格，再单击编辑栏 f_x，在打开的对话框中选择 SUMIF 函数，打开"函数参数"对话框，参数设置如图 5-35 所示。

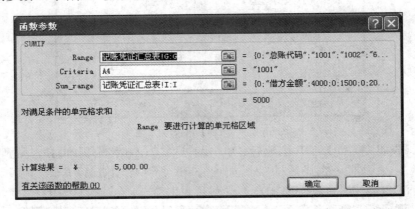

图 5-35　"借方"字段 SUMIF()函数参数设置

步骤 2：单击"确定"按钮，结果如图 5-36 所示。完成后编辑栏显示"=SUMIF(记账凭证汇总表!G:G,A4,记账凭证汇总表!I:I)"。

总账代码	总账名称	期初余额	本期发生额		期末余额
			借方	贷方	
1001	库存现金	¥　50,000.00	¥　5,000.00		
1002	银行存款				
1015	其它货币基金				
1121	应收票据				

图 5-36　本期借方发生额

步骤 3：单击 E4 单元格，再单击编辑栏 f_x，在打开的对话框中选择 SUMIF 函数，打开"函数参数"对话框，参数设置如图 5-37 所示。

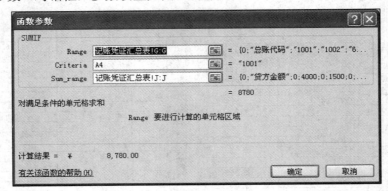

图 5-37　"贷方"字段 SUMIF()函数参数设置

步骤 4：单击"确定"按钮，结果如图 5-38 所示。完成后编辑栏显示"=SUMIF(记账凭证汇总表!G:G,A4,记账凭证汇总表!J:J)"。

A	B	C	D	E	F
			财务总账		
总账代码	总账名称	期初余额	本期发生额		期末余额
			借方	贷方	
1001	库存现金	¥　50,000.00	¥　5,000.00	¥　8,780.00	
1002	银行存款				
1015	其它货币基金				
1121	应收票据				

图 5-38　计算本期贷方发生额

步骤 5：分别双击 D4 和 E4 单元格的填充柄，复制公式，调整列宽。结果如图 5-39 所示。

图 5-39　填充"借方"和"贷方"字段

3．计算期末余额

将光标放在 F4 单元格，然后输入公式"=C4+D4+F4"，然后双击 F4 单元格的填充柄，复制公式，填充整个"期末余额"字段。至此，"总账表"制作完毕。

任务 4　制作利润表

**任务描述**

小李需要制作利润表来反映企业一个月的经营成果。利润表，或称购销损益账(Trading and Profit and Loss Account)，为会计重要财务报表之一(其余为资产负债表、现金流量表、股东权益变动表)。由于它反映的是某一期间的情况，所以，又称为动态报表。利润表主要计算及显示公司的盈利状况。合伙经营和有限公司的利润表中会在计算公司净盈利后加入分配账，以显示公司如何分发盈利。

在利润表中，小李需要计算主营业务收入、主营业务利润等内容。首先制作利润表，然后设置公式计算各项目的本月累计金额。

作品展示

利润表如图 5-40 所示。

	项　目	行次	本期数	本月累计数
	利　润　表			
	编制单位：盈丰经贸公司	时间：	2016/8/31	单位：元
	一、主营业务收入	1	¥1,076,000.00	¥1,076,000.00
	减：主营业务成本	2	¥846,000.00	¥846,000.00
	营业税金及附加	3	¥0.00	¥0.00
	二、主营业务利润	4	¥230,000.00	¥230,000.00
	加：其他业务利润	5	¥0.00	¥0.00
	减：销售费用	6	¥17,500.00	¥17,500.00
	管理费用	7	¥161,714.16	¥161,714.16
	财务费用	8	¥1,480.00	¥1,480.00
	三、营业利润	9	¥49,305.84	¥49,305.84
	加：投资收益	10	¥0.00	¥0.00
	补贴收入	11	¥0.00	¥0.00
	营业外收入	12	¥0.00	¥0.00
	减：营业外支出	13	¥0.00	¥0.00
	四、利润总额	14	¥49,305.84	¥49,305.84
	减：所得税	15	¥12,326.46	¥12,326.46
	五、净利润	16	¥36,979.38	¥36,979.38

图 5-40　财务总账

任务要点

➢ 制作利润表。

➢ 设置公式计算各项目的收入和利润。

➢ 计算各项目的本月累计金额。

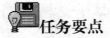

任务实施

1. 制作利润表格

首先需要制作利润表格，操作步骤如下：

步骤 1：在"企业日常财务管理"工作簿新建工作表，重命名为"利润表"。

步骤 2：在"利润表"表格中填充文字并设置其格式，设置"本期数"和"本年累计数"字段的数字格式为货币，完成后如图 5-41 所示。

	项　目	行次	本期数	本月累计数
	利　润　表			
	编制单位：盈丰经贸公司	时间：		单位：元
	一、主营业务收入	1		
	减：主营业务成本	2		
	营业税金及附加	3		
	二、主营业务利润	4		
	加：其他业务利润	5		
	减：销售费用	6		
	管理费用	7		
	财务费用	8		
	三、营业利润	9		
	加：投资收益	10		
	补贴收入	11		
	营业外收入	12		
	减：营业外支出	13		
	四、利润总额	14		
	减：所得税	15		
	五、净利润	16		

图 5-41　利润表格式设置

步骤 3：将光标放在 D2 单元格，单击编辑栏 f_x，在打开的对话框中选择 MAX 函数，打开"函数参数"对话框。在 Number 文本框中输入"记账凭证汇总表!B:B"，表示对当前工作簿记账汇总表 B 列的引用，如图 5-42 所示。

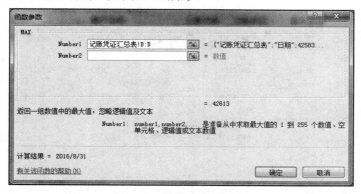

图 5-42　编辑 MAX() 函数

步骤 4：单击"确定"按钮，即可得到表格的编辑时间。编辑栏显示的公式为"=MAX(记账凭证汇总表!B:B)"，完成后如图 5-43 所示。

▲	A	B	C	D	E
1		**利　润　表**			
2		编制单位：盈丰经贸公司	时间：	2016/8/31	单位：元
3		**项　　目**	**行次**	**本期数**	**本月累计数**
4		一、主营业务收入	1		
5		减：主营业务成本	2		

图 5-43　通过 MAX() 函数设置时间

2. 设置公式计算各项目的收入和利润

利润表中的利润是通过"收入—费用"的会计平衡等式和收入与费用相配比原则编制的。本月业务就是总账表中的数据，下面设置利润各项目的计算公式，操作步骤如下：

步骤 1：计算"主营业务收入"。将光标放在 D4 单元格中，单击编辑栏 f_x，选择 SUMIF 函数，打开"函数参数"对话框。对 SUMIF 函数进行参数设置，如图 5-44 所示。设置完成后单击"确定"按钮，编辑栏显示的公式为"=SUMIF(总账表!$A$4:$A$41,"6001",总账表!$E$4:$E$41)"。

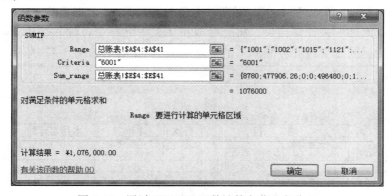

图 5-44　通过 SUMIF() 函数计算主营业务收入

步骤 2：计算"主营业务成本"。将光标放在 D5 单元格中，单击编辑栏 f_x，在打开的对话框中选择 SUMIF 函数，打开"函数参数"对话框。对 SUMIF 函数进行参数设置，如图 5-45 所示。设置完成后单击"确定"按钮，编辑栏显示的公式为"=SUMIF(总账表!$A$4:$A$41,"6401",总账表!$D$4:$D$41)"。

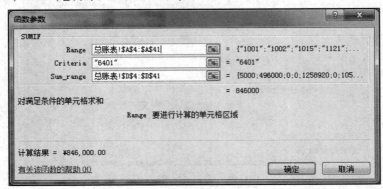

图 5-45　通过 SUMIF()函数计算主营业务成本

步骤 3：计算"营业税金及附加"。将光标放在 D6 单元格中，单击编辑栏 f_x，在打开的对话框中选择 SUMIF 函数，打开"函数参数"对话框。对 SUMIF 函数进行参数设置，如图 5-46 所示。设置完成后单击"确定"按钮，编辑栏显示的公式为"=SUMIF(总账表!$A$4:$A$41,"6405",总账表!$D$4:$D$41)"。

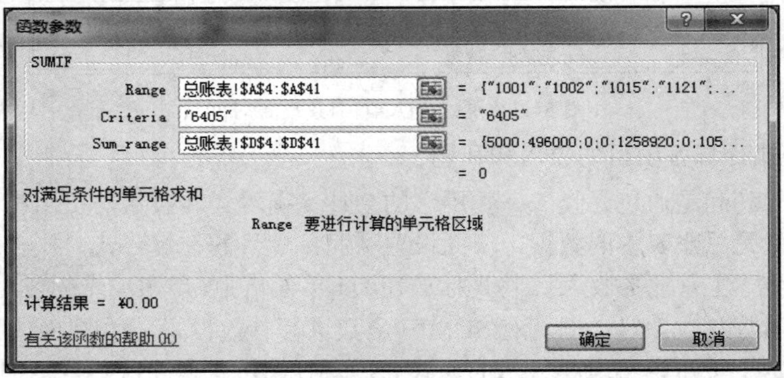

图 5-46　通过 SUMIF()函数计算营业税金及附加

步骤 4：计算"主营业务利润"。根据"主营业务利润=主营业务收入–主营业务成本–主营业务税金及附加"来计算结果。将光标放在 D7 单元格中，输入公式"=D4-D5-D6"按回车键确认后返回"主营业务利润"的"本期数"。完成后如图 5-47 所示。

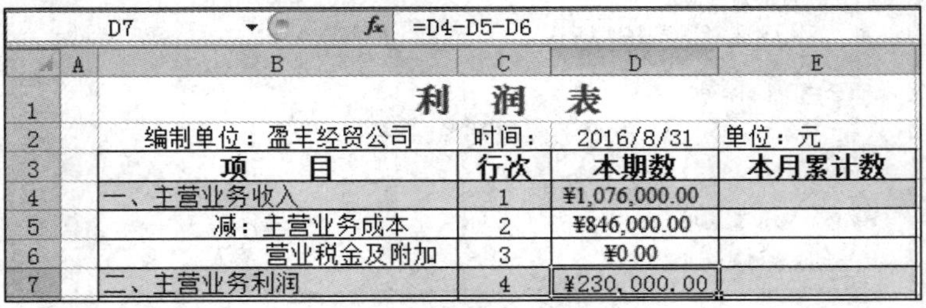

	A	B	C	D	E
1		利　润　表			
2		编制单位：盈丰经贸公司	时间:	2016/8/31	单位：元
3		项　　目	行次	本期数	本月累计数
4		一、主营业务收入	1	￥1,076,000.00	
5		减：主营业务成本	2	￥846,000.00	
6		营业税金及附加	3	￥0.00	
7		二、主营业务利润	4	￥230,000.00	

图 5-47　计算主营业务利润

步骤 5：计算"其他业务利润"。因为本月业务中没有涉及"其他业务利润"，所以在单元格 D8 中输入 0。

步骤 6：计算"销售费用"。将光标放在 D9 单元格中，单击编辑栏 **fx**，在打开的对话框中选择 SUMIF 函数，打开"函数参数"对话框。对 SUMIF 函数进行参数设置，如图 5-48 所示。设置完成后单击"确定"按钮，编辑栏显示的公式为"=SUMIF(总账表!$A$4:$A$41,"6601",总账表!$D$4:$D$41)"。

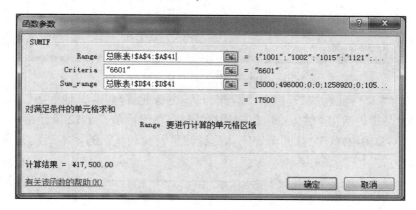

图 5-48　通过 SUMIF()函数计算销售费用

步骤 7：计算"管理费用"。将光标放在 D10 单元格中，单击编辑栏 **fx**，在打开的对话框中选择 SUMIF 函数，打开"函数参数"对话框。对 SUMIF 函数进行参数设置，如图 5-49 所示。设置完成后单击"确定"按钮，编辑栏显示的公式为"=SUMIF(总账表!$A$4:$A$41,"6602",总账表!$D$4:$D$41)"。

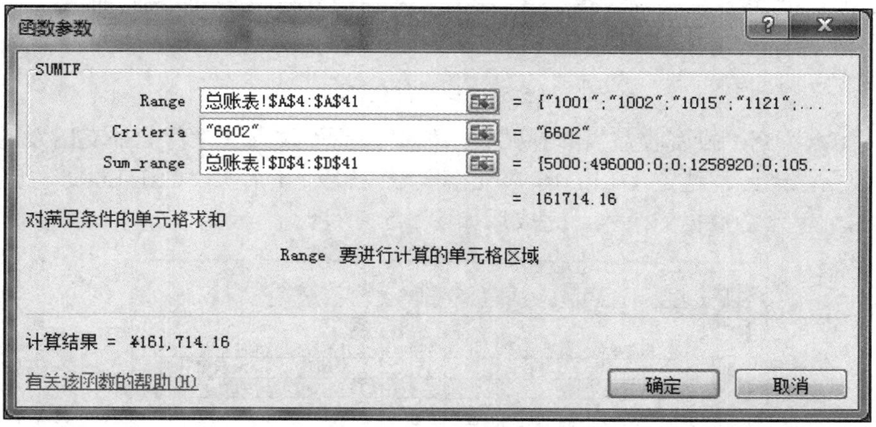

图 5-49　通过 SUMIF()函数计算管理费用

步骤 8：计算"财务费用"。将光标放在 D11 单元格中，单击编辑栏 **fx**，在打开的对话框中选择 SUMIF 函数，打开"函数参数"对话框。对 SUMIF 函数进行参数设置，如图 5-50 所示。设置完成后单击"确定"按钮，编辑栏显示的公式为"=SUMIF(总账表!$A$4:$A$41,"6603",总账表!$D$4:$D$41)"。

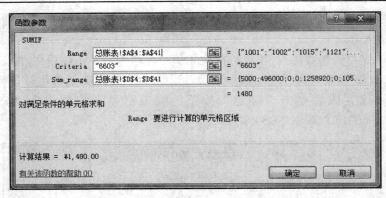

图 5-50　通过 SUMIF()函数计算财务费用

步骤 9: 计算"营业利润"。根据"营业利润=主营业务利润+其他业务收入−其他业务支出−营业费用−管理费用−财务费用"来计算结果。将光标放在 D12 单元格中，输入公式"=D7+D8−D9−D10−D11"，按回车键确认后返回"营业利润"的"本期数"，完成后如图5-51 所示。

	利 润 表			
A	B	C	D	E
1	利　润　表			
2	编制单位：盈丰经贸公司	时间:	2016/8/31	单位：元
3	项　　目	行次	本期数	本月累计数
4	一、主营业务收入	1	¥1,076,000.00	
5	减：主营业务成本	2	¥846,000.00	
6	营业税金及附加	3	¥0.00	
7	二、主营业务利润	4	¥230,000.00	
8	加：其他业务利润	5	¥0.00	
9	减：销售费用	6	¥17,500.00	
10	管理费用	7	¥161,714.16	
11	财务费用	8	¥1,480.00	
12	三、营业利润	9	¥49,305.84	

图 5-51　计算营业利润

步骤 10: 填充"投资收益"、"补贴收入"、"营业外收入"、"营业外支出"。因为本月无这四项数据，因此，选定 D13:D16 单元格区域，输入 0 后按"Ctrl+Enter"组合键，即可完成对四个单元格数据的录入，完成后如图 5-52 所示。

	利 润 表			
A	B	C	D	E
1	利　润　表			
2	编制单位：盈丰经贸公司	时间:	2016/8/31	单位：元
3	项　　目	行次	本期数	本月累计数
4	一、主营业务收入	1	¥1,076,000.00	
5	减：主营业务成本	2	¥846,000.00	
6	营业税金及附加	3	¥0.00	
7	二、主营业务利润	4	¥230,000.00	
8	加：其他业务利润	5	¥0.00	
9	减：销售费用	6	¥17,500.00	
10	管理费用	7	¥161,714.16	
11	财务费用	8	¥1,480.00	
12	三、营业利润	9	¥49,305.84	
13	加：投资收益	10	¥0.00	
14	补贴收入	11	¥0.00	
15	营业外收入	12	¥0.00	
16	减：营业外支出	13	¥0.00	

图 5-52　同时填充四个单元格数据

步骤 11： 计算"利润总额"。根据"利润总额=营业利润+投资收益+补贴收入+营业外收入－营业外支出"来计算结果。将光标放在 D17 单元格中，输入公式"=D12+D13+D14+D15－D16"，按回车键确认后返回"利润总额"的"本期数"。完成后如图 5-53 所示。

	D17	▼	f_x	=D12+D13+D14+D15－D16	
	A	B	C	D	E
		利　润　表			
1					
2		编制单位：盈丰经贸公司	时间：	2016/8/31	单位：元
3		**项　　目**	**行次**	**本期数**	**本月累计数**
4		一、主营业务收入	1	¥1,076,000.00	
5		减：主营业务成本	2	¥846,000.00	
6		营业税金及附加	3	¥0.00	
7		二、主营业务利润	4	¥230,000.00	
8		加：其他业务利润	5	¥0.00	
9		减：销售费用	6	¥17,500.00	
10		管理费用	7	¥161,714.16	
11		财务费用	8	¥1,480.00	
12		三、营业利润	9	¥49,305.84	
13		加：投资收益	10	¥0.00	
14		补贴收入	11	¥0.00	
15		营业外收入	12	¥0.00	
16		减：营业外支出	13	¥0.00	
17		四、利润总额	14	¥49,305.84	

图 5-53　计算利润总额

步骤 12： 计算"所得税"。将光标放在 D18 单元格中，单击编辑栏 f_x，在打开的对话框中选择 SUMIF 函数，打开"函数参数"对话框。对 SUMIF 函数进行参数设置，如图 5-54 所示。设置完成后单击"确定"按钮，编辑栏显示的公式为"=SUMIF(总账表!$A$4:$A$41,"6801",总账表!$D$4:$D$41)"。

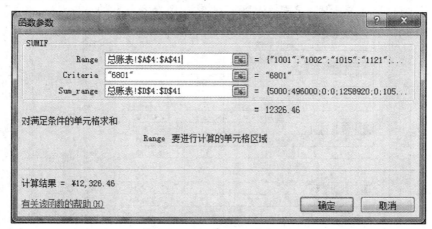

图 5-54　计算所得税

步骤 13： 计算"净利润"。根据"净利润=利润总额－所得税"来计算结果。将光标放在 D19 单元格中，输入公式"=D17－D18"，按回车键确认后返回"净利润"的"本期数"，完成后如图 5-55 所示。

	D19			f_x	=D17-D18	
	A	B	C	D	E

	A	B	C	D	E
1		利 润 表			
2	编制单位：盈丰经贸公司		时间：	2016/8/31	单位：元
3	项　目		行次	本期数	本月累计数
4	一、主营业务收入		1	¥1,076,000.00	
5	减：主营业务成本		2	¥846,000.00	
6	营业税金及附加		3	¥0.00	
7	二、主营业务利润		4	¥230,000.00	
8	加：其他业务利润		5	¥0.00	
9	减：销售费用		6	¥17,500.00	
10	管理费用		7	¥161,714.16	
11	财务费用		8	¥1,480.00	
12	三、营业利润		9	¥49,305.84	
13	加：投资收益		10	¥0.00	
14	补贴收入		11	¥0.00	
15	营业外收入		12	¥0.00	
16	减：营业外支出		13	¥0.00	
17	四、利润总额		14	¥49,305.84	
18	减：所得税		15	¥12,326.46	
19	五、净利润		16	¥36,979.38	

图 5-55　计算净利润

2. 计算各项目的本年累计金额

"本月累计数=上一期本月累计数+本期数"。因为公司新开张，不涉及上月的"本月累计数"，所以"本月累计数=本期数"。在 E4 单元格输入公式"=D4"，然后向下复制填充公式，即可得到其他项目的本月累计数，如图 5-56 所示。至此，"利润表"就制作完成了。

	E4			f_x	=D4	
	A	B	C	D	E

	A	B	C	D	E
1		利 润 表			
2	编制单位：盈丰经贸公司		时间：	2016/8/31	单位：元
3	项　目		行次	本期数	本月累计数
4	一、主营业务收入		1	¥1,076,000.00	¥1,076,000.00
5	减：主营业务成本		2	¥846,000.00	¥846,000.00
6	营业税金及附加		3	¥0.00	¥0.00
7	二、主营业务利润		4	¥230,000.00	¥230,000.00
8	加：其他业务利润		5	¥0.00	¥0.00
9	减：销售费用		6	¥17,500.00	¥17,500.00
10	管理费用		7	¥161,714.16	¥161,714.16
11	财务费用		8	¥1,480.00	¥1,480.00
12	三、营业利润		9	¥49,305.84	¥49,305.84
13	加：投资收益		10	¥0.00	¥0.00
14	补贴收入		11	¥0.00	¥0.00
15	营业外收入		12	¥0.00	¥0.00
16	减：营业外支出		13	¥0.00	¥0.00
17	四、利润总额		14	¥49,305.84	¥49,305.84
18	减：所得税		15	¥12,326.46	¥12,326.46
19	五、净利润		16	¥36,979.38	¥36,979.38

图 5-56　填充本月累计数字段

单元 6　公司出入库数据管理

公司要正常运转，离不开采购、库存的管理，合理地规划产品的采购数量，对公司正常的生产运转、资金运转起到十分关键的作用。采购数据来源于生产(销售)、库存管理部门，而库存数据则又取决于采购、生产(销售)部门，因此采购数据、库存数据都是息息相关，它们共同体现了公司当前的一种运作状态。本项目通过制作采购和出库管理表，库存统计表，并对采购与库存数据进行分析，学习利用 Excel 管理出入库数据的方法。

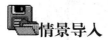**情景导入**

本单元实现用 Excel 2010 对出入库数据进行管理、统计、分析，从而提高工作效率。小李把该项目分解成三个任务来完成。第一个任务制作"汽车库存管理表"；第二个任务对"汽车库存管理表"进行分析和处理，制作圆环图；第三个任务是制作汽车精品出库表，并对表中数据进行分析和处理。

学习要点

- ➢ 学会制作汽车库存管理表的设计方法、表格录入和美化的操作。
- ➢ 学会对汽车库存管理表数据进行排序、分类汇总、筛选并建立数据透视表操作。
- ➢ 学会圆环图的制作和美化方法。
- ➢ 学会美化工作表和动态图表的制作操作。

任务 1　制作汽车出入库管理表

**任务描述**

小李需要制作汽车库存管理表，表格的内容包括不同车型、规格型号、上月结转、本月入库、本月出库等信息。小李需要完成表格的设计、数据的录入和表格的美化工作。

**作品展示**

图 6-1 是最终完成的汽车库存管理表。

公司出入库管理表

编码	车型	名称	变速箱	规格型号	单位	上月结转	本月入库数	本月出库数	当前数目	标准库存数	溢缺	售价	成本	库存金额
CC001	哈弗	哈弗H1	手动	标准型	辆	5	2	5	2	5	-3	5.49	4.60	9.20
CC002	哈弗	哈弗H1	手动	舒适型	辆	7	2	6	3	5	-2	5.99	4.70	14.10
CC003	哈弗	哈弗H1	手动	豪华型	辆	4	6	7	3	5	-2	6.39	5.20	15.60
CC004	哈弗	哈弗H2	手动	精英型	辆	4	2	6	0	5	-5	10.58	9.40	0.00
CC005	哈弗	哈弗H2	自动	豪华型	辆	3	5	4	4	5	-1	11.18	10.10	40.40
CC006	哈弗	哈弗H6	手动	精英型	辆	8	2	2	8	5	3	10.78	9.60	76.80
CC007	哈弗	哈弗H6	手动	豪贵型	辆	7	2	2	7	5	2	12.18	11.10	77.70
CC008	哈弗	哈弗H6	手动	豪华型	辆	5	2	5	2	5	-3	11.98	10.80	21.60
CC009	哈弗	哈弗H8	手自一体	舒适型	辆	4	2	5	1	5	-4	18.88	17.30	17.30
CC010	哈弗	哈弗H8	手自一体	标准型	辆	8	2	5	5	5	0	20.18	18.50	92.50
CC011	哈弗	哈弗H8	手自一体	精英型	辆	5	3	5	8	5	3	20.88	18.30	146.40
CC012	哈弗	哈弗H8	手自一体	豪华型	辆	5	5	5	5	5	0	22.18	20.50	102.50
CC013	哈弗	哈弗H9	手自一体	精英型	辆	4	4	4	4	5	-1	22.98	21.40	107.00
CC014	哈弗	哈弗H9	手自一体	豪华型	辆	9	5	4	10	5	5	24.98	23.30	233.00
CC015	哈弗	哈弗H9	手自一体	豪贵型	辆	4	5	4	5	5	0	27.28	25.70	128.50
CC016	轿车	长城C30	自动	舒适型	辆	6	4	2	8	5	3	6.79	5.70	45.60
CC017	轿车	长城C30	自动	豪华型	辆	6	4	2	8	5	3	7.19	6.10	48.80
CC018	轿车	长城C30	手动	舒适型	辆	4	2	5	2	5	-3	6.28	5.20	10.40
CC019	轿车	长城C30	手动	豪华型	辆	8	4	7	5	5	2	6.69	5.60	39.20
CC020	轿车	长城C50	手动	时尚型	辆	7	4	5	5	5	0	7.99	6.90	41.40
CC021	轿车	长城C50	手动	精英型	辆	2	5	5	2	5	-3	8.59	8.50	17.00
CC022	皮卡	风骏5	手动	进取型	辆	5	5	5	0	5	-5	7.68	6.60	0.00
CC023	皮卡	风骏6	手动	精英型	辆	3	5	4	4	5	-1	9.68	8.60	34.40
CC024	皮卡	风骏6	手动	领航型	辆	7	5	4	8	5	3	12.48	11.30	90.40

2018 年 1 月份汽车库存管理表　★ 在"本月入库数"和"出库数"中输入数值

图 6-1　汽车库存管理表

任务要点

➤ 学会新建工作簿、工作表及数据的快速录入方法。

➤ 学会输入各种类型数据的方法及数据有效性的使用。

➤ 学会对工作表数据进行编辑与格式化的方法。

任务实施

1. 制作汽车库存管理表

步骤 1：启动 Excel 2010，将 Sheet1 工作表重命名为"1 月份汽车库存管理表"。将工作簿另存为"公司采购和库存数据管理"。

步骤 2：表格的基本编辑。

(1) 右单击 A 列上的列标，从弹出的快捷菜单中"列宽"，把 A 列的列宽设置为 1。用同样的方法把第 N 列的列宽设置为 0.85。

把第二行的行高设置为 27，选中单元格 B2:I2，设为"合并后居中"，输入"2018 年 1 月份汽车库存管理表"，文字格式为"宋体，字号 20，加粗，水平居中对齐，垂直底段对齐"，单元格下边框的框线设置为双线。

在 J2 单元格输入"★在"本月入库数"和"出库数"中输入数值"，文字格式设置为宋体，8 号，加粗，红色，居中。

将第 3 行的行高设置为 9，第 5 到 28 行行高设置为 18，水平居中对齐，垂直居中对齐。在单元格中输入字段名。

将 O2 和 O3 单元格，P2 和 P3 单元格分别合并后居中。然后在合并后的单元格中分别录入文字"单位:","万元"。字体格式设置为:"宋体，11 号，垂直低端对齐，水平居中对齐，加粗"。完成后如图 6-2 所示。

图 6-2　表头的设置

按照图 6-1 所示为表格设置细线和粗线边框。细线为第 2 种，粗线为第 9 种，如图 6-3 所示。

图 6-3　表格边框线

按住 Ctrl 键选中不连续的两个单元格区域"B4:M4;O4:Q4"。右单击鼠标，选择"单元格格式"。选择"填充"选项卡，单击"其他颜色"按钮，在弹出的"颜色"对话框中选择"自定义"。然后将字段名的背景色设为(R=204，G=255，B=255)。如图 6-4 所示。

采用同样的方法，将 H5:J28 的背景色设置为(R=255，G=255，B=153)。

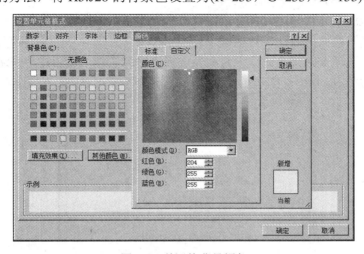

图 6-4　单元格背景颜色

选中 B4:Q28，将字体设置为 Arial，字号设置为 11。完成效果如图 6-5 所示。

编码	车型	名称	变速箱	规格型号	单位	上月结转	本月入库数	本月出库数	当前数目	标准库存数	溢短		售价	成本	库存金额
CC001	哈弗	哈弗H1	手动	标准型	辆										

图 6-5　给单元格添加背景颜色

步骤 3：填充"编码"列的数据。在 B5 单元格输入 CC001，向下拖动单元格的填充柄到 B28 单元格后释放鼠标，完成"编码"列数据的填充。双击列标签右侧，将其设置为最适合的列宽。

编码列有时候并不是有规律的等差序列，这就需要单独录入。为了防止录入重复数值，需要对编码列进行数据有效性的设置。编码列的数据有效性设置的方法如下：

选择 B5:B28 单元格，然后单击"数据"选项卡"数据工具"组中的"数据有效性"按钮，打开"数据有效性"对话框。在"允许"下拉列表框中选择"自定义"选项。在"公式"文本框中输入=COUNTIF(B:B,B5)<2。如图 6-6 所示。利用唯一值的个数小于 2 这个特点(也可以用=1)，一旦重复就会自动提示。(注意：此方法对复制粘贴的数据无效。)

图 6-6　编码数据有效性

步骤 4：为"车型"、"变速箱"、"规格型号"列设置数据有效性。

(1) 为"车型"列设置数据有效性。

选中 C5:C28 单元格区域，然后单击"数据"选项卡"数据工具"组中的"数据有效性"按钮，打开"数据有效性"对话框。

在"设置"选项卡的"允许"下拉列表选择"序列"项，然后在"来源"编辑框中依次输入"哈弗,轿车,皮卡"，各车型间用英文逗号隔开，点击确定。如图 6-7 所示。

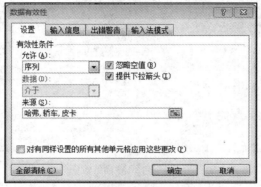

图 6-7　对"车型"列设置数据有效性

单击 C5 单元格，其右侧将出现三角按钮。单击该按钮，从下拉框中选择车型，完成"车型"列的输入。

(2) 为"变速箱"列设置数据有效性。

选中 E5:E28 单元格区域，然后单击"数据"选项卡"数据工具"组中的"数据有效性"按钮，打开"数据有效性"对话框。

在"设置"选项卡的"允许"下拉列表选择"序列"项，然后在"来源"编辑框中依次输入"手动,自动,手自一体"，用英文逗号隔开，点击确定，如图 6-8 所示。

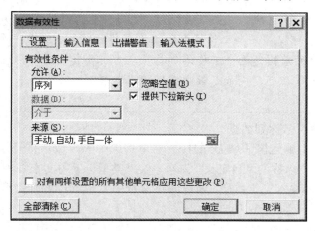

图 6-8 对"变速箱"列设置数据有效性

(3) 为"规格型号"列设置数据有效性。

选中 F5:F26 单元格区域，然后单击"数据"选项卡"数据工具"组中的"数据有效性"按钮，打开"数据有效性"对话框。

在"设置"选项卡的"允许"下拉列表选择"序列"项，然后在"来源"编辑框中，单击切换按钮，单击"资料"工作表中所需要的数据，再次单击切换按钮完成引用，如图 6-9 所示。

图 6-9 对"规格型号"列设置数据有效性

※重点提示

① 如果取消数据有效性区域，选中已设置有效性的单元格区域，然后单击"数据"选项卡"数据工具"组中的"数据有效性"按钮。打开"数据有效性"对话框，单击"全部清除"按钮即可。

② 在 Excel 中，由于一个工作簿可能会有多个工作表，为了区分不同工作表中的单元格，通常要在其标识前加上工作表名称和一个感叹号"!"，例如：资料!$D$3: $D$7 表示"资料"工作表中的 D3 至 D7 区域。

③ 在 Excel 中，可以将一个工作簿中的工作表移动或复制到另一个工作簿中，方便统一管理。移动或复制的前提是两个工作簿都打开，右击要复制的工作表标签打开移动或复制对话框进行相应操作即可，例如：教师提供的"资料"工作表要求先复制到编辑的工作簿中再使用。

步骤 5：快速输入名称列数据。

(1) 拖动鼠标选中单元格区域 D5:D19。右单击选中的区域，打开"设置单元格格式"对话框。选择"分类"标签的"自定义"选项，在"类型"下的文本框中输入""哈弗 H"0"。"0"表示单元格可以输入 1 位数字，而前面英文双引号中的内容则会自动在单元格中显示在你输入的数字之前。如图 6-10 所示。

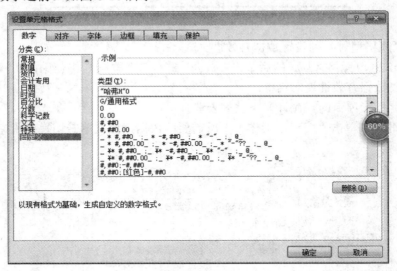

图 6-10　快速输入数据

(2) 在单元格 D5 区域输入 1，单元格就会显示"哈弗 H1"。按照图 6-1 汽车出入库管理表所示输入 D5:D19 的数据。

(3) 拖动鼠标选中单元格区域 D20:D25。右单击选中的区域，打开"设置单元格格式"对话框。选择"分类"标签的"自定义"选项，在"类型"下的文本框中输入""长城 C"00"。按照图 6-1 所示输入 D20:D25 的数据。

(4) 拖动鼠标选中单元格区域 D26:D28。右单击选中的区域，打开"设置单元格格式"对话框。选择"分类"标签的"自定义"选项，在"类型"下的文本框中输入""风骏"0"。

按照图 6-1 所示输入 D26:D28 的数据。

步骤 6：按照图 6-1 所示输入"上月结转"、"本月入库数"、"本月出库数"、"标准库存数"中的数据。

(1) 计算"当前数目"列的数据。"当前数目=上月结转+本月入库数–本月出库数"。选中 K5 单元格，输入公式"=H5+I5-J5"，按回车键。选中 K5 单元格，双击 K5 右下角的填充柄，复制公式。

(2) 计算"溢短"列的数据。"溢短=当前数目–标准库存数"。选中 M5 单元格，输入公式"=K5-L5"，按回车键。选中 M5 单元格，双击 M5 右下角的填充柄，复制公式。

步骤 7：按照图 6-1 所示输入"售价"、"成本"列的数据。

(1) 计算"库存金额"列的数据。"库存金额=售价 × 成本"。选中 Q5 单元格，输入公式"=P5*K5"，按回车键。选中 Q5 单元格，双击 Q5 右下角的填充柄，复制公式。

(2) 选择"视图"选项卡，取消"网格线"复选框前的对钩，如图 6-11 所示。

图 6-11　取消网格线

步骤 8：锁定和隐藏单元格。

表格虽然已经设置好，但有的地方涉及公式引用，为了防止这些公式不被修改，需要给单元格区域加把锁(密码)保护起来，在没有密码的情况下别人是改不了的。

(1) 保护工作表。

Excel 默认为给新建表格中的每个单元格赋予了"锁定"属性，但是并不代表这些单元格被锁定。可以在"审阅"选项卡中单击"保护工作表"来激活所有的单元格"锁定"，这样就不能再对单元格进行任何操作。

设置自由单元格。单击"全选"按钮，右单击选择"设置单元格格式"。单击"保护"选项卡，取消选中"锁定"复选框，再单击"确定"按钮。如图 6-12 所示。

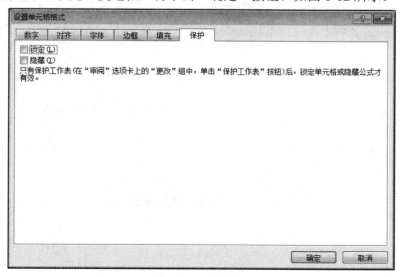

图 6-12　取消锁定

锁定和隐藏公式。单击"开始"选项卡的"查找和选择",选择弹出的"公式"选项,单击"确定"按钮。该操作会选中表格中所有的公式。右单击选中区域,选择"设置单元格格式",调出"设置单元格格式"对话框。切换到"保护"选项卡,选中"锁定"和"隐藏"复选框,如图 6-12 所示,再单击"确定。

选择"审阅"选项卡下的"保护工作表",打开"保护工作表"对话框,如图 6-13 所示。输入密码"123",再次确认输入密码"123"。保护工作表完成。

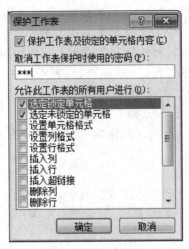

图 6-13　保护工作表

操作完成后,单元格中的内容不能修改;如果将光标放在公式单元格(如 M5)中,编辑栏将不会显示公式,如图 6-14 所示。

						2018 年 1 月份汽车库存管理表					★ 在"本月入库数"和"出库数"中输入数值				单位:	万元	
编码	车型	名称	变速箱	规格型号	单位	上月结转	本月入库数	本月出库数	当前数目	标准库存数	溢短	售价	成本	库存金额
CC001	哈弗	哈弗H1	手动	标准型	辆	5	2	5	2	5	-3	5.49	4.60	9.20

图 6-14　保护后的工作表

(2) 取消保护。

选择"审阅"选项卡下的"撤销工作表保护",在弹出的对话框中输入密码,即可继续对工作表进行编辑。

至此,汽车库存管理表完成。

任务2　分析出库数据

任务描述

完成采购数据、出库数据和库存统计工作表的建立后,可以利用相关的分析工具对它

们进行分析操作，如汇总采购数据、比较出入库数据等。本任务完成对不同车型和名称对汽车出库数据完成一个双层饼图，以便更直观地对出库数据进行分析，各车型出库比例如图 6-15 所示。

作品展示

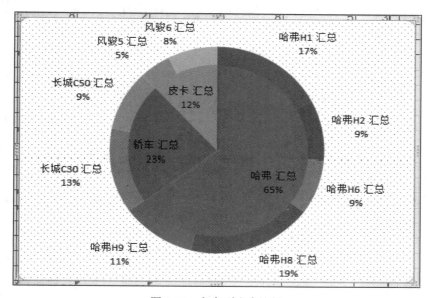

图 6-15　各车型出库比例

任务要点

➢　利用排序和分类汇总对库存统计表进行分析。
➢　制作图表，对各车出入库情况进行直观的比较。

任务实施

1. 分类汇总各车出库数量

步骤 1：右击"1 月份汽车库存管理表"工作表标签，在快捷菜单中选择"移动或复制…"，弹出"移动或复制工作表"对话框，选中"建立副本"，在"下列选定工作表之前"列表中单击"移至最后"，创建工作表"1 月份汽车库存管理表(2)"。

双击，重命名为"汽车出库对比图"。

步骤 2：删除 O 列到 Q 列数据。将光标放在列标 O 上，向右拖动鼠标，选中 O 列到 Q 列数据，右单击选择"删除"。

步骤 3：按车型汇总本月出库数。注意：因为表格中已按"车型"和"名称"排好序，因此省略排序步骤。将光标放在表格内，选择"数据"选项卡的"分类汇总"选项。在"分类字段"中选择"车型"，在"汇总方式"栏选择"求和"，在"选定汇总项"栏选择"本月出库数"，单击"确定"。如图 6-16 所示。

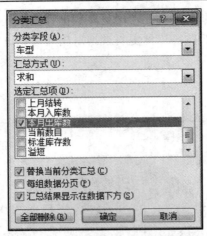

图 6-16　按车型汇总本月出库数

步骤 4：按名称汇总本月出库数。将光标放在表格内，选择"数据"选项卡的"分类汇总"选项。在"分类字段"中选择"名称"，在"汇总方式"栏选择"求和"，在"选定汇总项"栏选择"本月出库数"。取消"替换当前分类汇总"复选框，单击"确定"。如图6-17 所示。

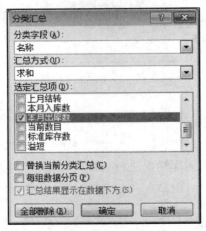

图 6-17　按名称汇总本月出库数

2. 将汇总结果复制到其他区域

步骤 1：将汇总结果复制到其他区域。选中 C25 单元格，然后按住 Ctrl 键，选中 C34C40 和 J25、J34、J40 单元格。右单击选择"复制"。将光标定位在 O6 单元格，右单击，在弹出的"粘贴选项"中选择"值"(即有数字"123"的按钮)，将"哈弗 汇总"，"轿车 汇总"和"皮卡 汇总"粘贴到相邻的三个单元格中。

步骤 2：按照上面的方法，分别将其他对应数值复制粘贴到相应位置，然后将 O:R 列设置为最适合的列宽，并为该区域添加边框。如图 6-18 所示。

步骤 3：选中 O6:R14，然后选择"查找和替换"标签下的"替换"。在弹出的对话框中的"查找"栏输入"汇总"，替换栏什么都不输入。然后单击"全部替换"，将选中区域的"汇总"两个字删掉。

步骤 4：将 O:R 列设置为最适合的列宽，并为 O6:R14 区域添加边框。

图 6-18　粘贴"值"与将汇总结果复制到其他区域

3. 制作双环饼图

步骤 1：选中 O6:P8 单元格，单击"插入"选项卡的"饼图"，从弹出的图标中选择"二维饼图"中的饼图。生成的图标如图 6-19 所示。

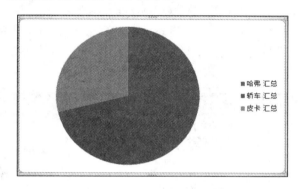

图 6-19　车型汇总图表

步骤 2：右单击完成的饼图，选择"选择数据"，弹出"选择数据源"对话框。在弹出的对话框中单击"添加"按钮，弹出"编辑数据系列"对话框。如图 6-20 所示。

图 6-20　编辑数据系列对话框

步骤 3：编辑数据系列。将光标放在"系列名称"栏，拖动鼠标选中 Q6:Q14。然后将光标放在"系列值"栏，拖动鼠标选中 R6:R14，如图 6-21 所示。

图 6-21　编辑数据系列

步骤 4：单击"确定"按钮返回"选择数据源"对话框，并再次单击"确定"，完成效果如图 6-22 所示。

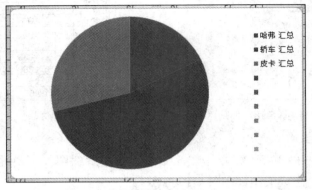

图 6-22　编辑数据系列后的效果图

步骤 5：右单击完成的饼图，选择"设置数据系列格式"。在弹出的对话框中选中"系列选项"按钮，然后在"系列绘制在"栏选择"次坐标轴"，如图 6-23 所示，单击"确定"按钮。

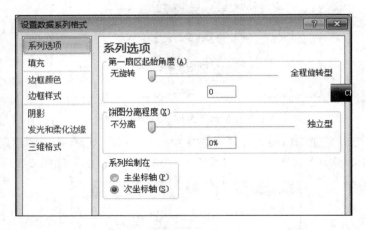

图 6-23　设置数据系列格式

步骤 6：用鼠标左键点住圆饼不放，向外拖动，到适当位置后放开。然后将分散的几个扇形分别拖回圆心，如图 6-24 所示。

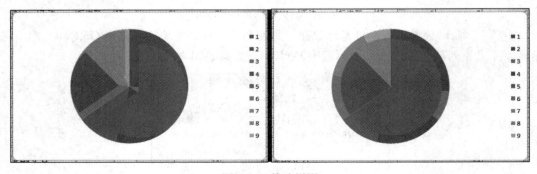

图 6-24　修改饼图

步骤 7：右单击上侧(小)饼图，选择"添加数据标签"。再次右单击上侧饼图，选择"设置数据标签格式"。在弹出的对话框中"标签选项"栏选择"类别名称"和"百分比"；在"标签位置"栏选择"数据标签内"，如图 6-25 所示。

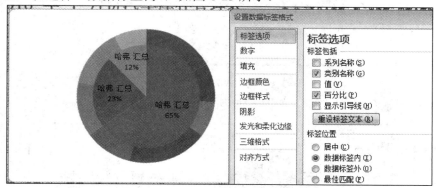

图 6-25 "类别名称"和"百分比"

步骤 8：右单击下侧(大)饼图，选择"添加数据标签"。再次右单击上侧饼图，选择"设置数据标签格式"，在弹出的对话框中"标签选项栏"选择"类别名称"，"百分比"和"显示引导线"，在"标签位置"栏选择"数据标签外"，如图 6-26 所示。

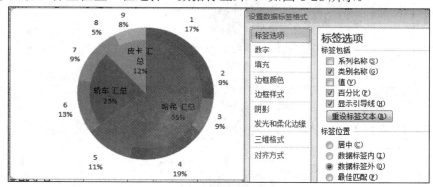

图 6-26 添加数据标签

步骤 9：右单击下侧饼图，选择"选择数据"。在弹出的"选择数据源"对话框中，单击选中"哈弗 H1 汇总 哈弗 H2 汇总……"列，如图 6-27 所示，然后单击"编辑"按钮。

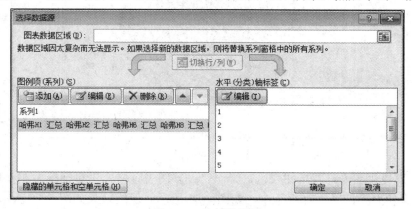

图 6-27 选择数据源

步骤 10：在弹出的"轴标签"对话框中的"轴标签区域"选择"Q6:Q14"。如图 6-28 所示。然后单击"确定"按钮。

图 6-28　"轴标签"对话框

步骤 11：再次单击"确定"，如图 6-29 所示。

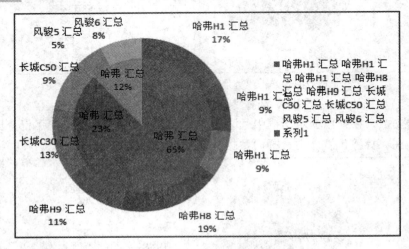

图 6-29　带图例的双层饼图

步骤 12：删除右侧的图例，双层饼图即可完成，如图 6-30 所示。

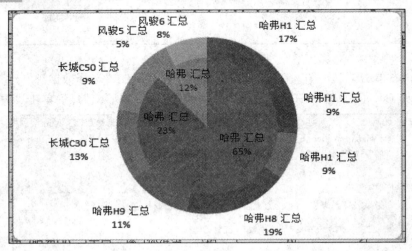

图 6-30　双层饼图

步骤 13：美化图表。双击图表区，弹出"设置图表区格式"对话框。在"填充"栏，设置为"图案填充"的第一行第一个，如图 6-31 所示。最终效果如图 6-15 所示。

图 6-31 "设置图表区格式"对话框

任务 3 制作汽车精品出库表

任务描述

随着汽车行业的不断发展,新车销售的利润在不断减少,而维护和保养则成为最重要的收入,汽车的装饰改装有非常大的发展空间,因为它更符合人们个性的需求。

本任务制作一个汽车精品出库统计表。并在该工作表的基础上,对三个城市的精品出库数量进行分析,制作动态图表。汽车精品出库分析如图 6-32 所示。

作品展示

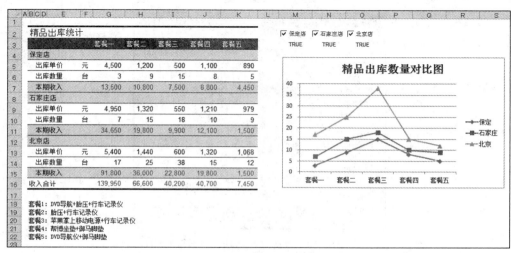

图 6-32 汽车精品出库分析

任务要点

➢ 掌握制作汽车精品出库统计的方法。
➢ 掌握动态图表的制作方法。

任务实施

1. 制作精品出库统计表

步骤 1：新建工作表，重命名为"1 月精品出库统计"。按图 6-33 所示输入数据。

	A	B	C	D	E	F	G	H
1	精品出库统计			套餐一	套餐二	套餐三	套餐四	套餐五
2				套餐一	套餐二	套餐三	套餐四	套餐五
3	保定店							
4		出库单价	元	4500	1200	500	1100	890
5		出库数量	台	3	9	15	8	5
6		本期收入						
7	石家庄店							
8		出库单价	元					
9		出库数量	台	7	15	18	10	9
10		本期收入						
11	北京店							
12		出库单价	元					
13		出库数量	台	17	25	38	15	12
14		本期收入						
15	收入合计							

图 6-33 录入精品出库统计数据

步骤 2：录入其他数据。

(1) 计算保定店本期收入。"本期收入=出库单价 × 出库数量"。将光标放在 D6 单元格，输入公式=D4*D5，按回车键，然后向右拖动 D6 的填充柄填充其他数据。

(2) 填充石家庄店和北京店的出库单价。石家庄店售价是保定的 110%。首先将 D4:H4 的数据复制粘贴到 D8:H8 和 D12:H12。

填充石家庄店售价。在 J7 单元格输入"1.1"，右单击复制 J7 单元格。选中 D8:H8，右单击选择"选择性粘贴(S)…"下的"选择性粘贴(S)…"。打开"选择性粘贴"对话框，如图 6-34 所示。选择"粘贴"栏的"数值"以及"运算"栏的"乘"。

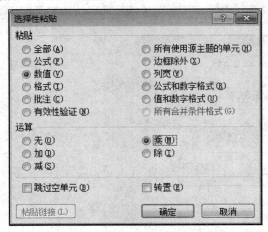

图 6-34 "选择性粘贴"对话框

用同样的方法填充北京店的售价，北京店的售价是保定的 120%。完成后将 J7 单元格内容删除。

（3）计算石家庄店和北京店本期收入。将光标放在 D10 单元格，输入公式=D8*D9，按回车键，然后向右拖动 D10 的填充柄填充其他数据。将光标放在 D14 单元格，输入公式=D12*D13，按回车键，然后向右拖动 D14 的填充柄填充其他数据。

（4）计算收入合计。收入合计为三个店的本期收入之和。将光标放在 D15 单元格，输入公式=D6+D10，按回车键，然后向右拖动 D15 的填充柄填充其他数据。

步骤 3： 增加行和列。右单击列标"A"，选择"插入"，在表格的最左端插入一列；右单击行号"1"，选择"插入"，在最上端插入一行。用同样的方法在 B 列前插入两列。

步骤 3： 设置行高和列宽。将光标放在 A 列表上单击并拖动鼠标，选定 A:D 列，右单击选择"列宽"，在弹出的对话框中将列宽设置为"1"。在行号上右单击设置行高。将第一行行高设置为 14.5，第二行为 19.5，其余各行行高均为 18。

步骤 4： 设置字体字号。将所有中文字体设置为"MS PGothic"，标题"精品出库统计"字号设为 14，其余字号设为 11。将所有数字设置为"Arial"，字号设为 11，无小数点，使用千位分隔符。将所有采用公式计算结果的单元格中的文字设置为蓝色。

步骤 5： 设置背景颜色。选定 B3:K3，单击"开始"选项卡的"填充颜色"按钮右侧的倒三角形，然后将第三行设置为"深蓝"。用同样的方法将第 4、8、12 行设置为"蓝色，强调文字颜色 1，淡色 80%"。用同样的方法将第 7、11、15 行设置为"黄色。

步骤 6： 设置表格边框。选定单元格 B2:K16。右单击，选择"设置单元格格式"。在打开的"设置单元格格式"对话框中选择"边框"选项卡。取消所有的内部竖线框。将外框线的上下边框设为粗线（"线条"中第二列第五行），如图 6-35 所示。

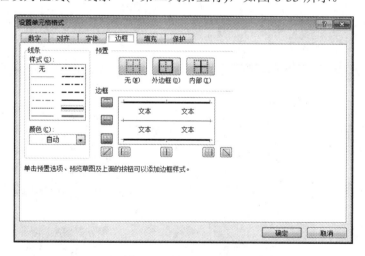

图 6-35　修改表格边框

步骤 7： 设置其他属性。选定 F:K 列，将光标放在 K 列按钮右侧当光标呈现双向箭头的时候双击，将 F:K 列设置为最适合的列宽。将各店的"出库单价"，"出库数量"和"本期收入"向前移动二个单元格。将表格中所有数据垂直居中对齐，完成效果如图 6-36 所示。

		套餐一	套餐二	套餐三	套餐四	套餐五
1						
2	精品出库统计					
3						
4	保定店					
5	出库单价	元	4,500	1,200	500	1,100	890
6	出库数量	台	3	9	15	8	5
7	本期收入		13,500	10,800	7,500	8,800	4,450
8	石家庄店						
9	出库单价	元	4,950	1,320	550	1,210	979
10	出库数量	台	7	15	18	10	9
11	本期收入		34,650	19,800	9,900	12,100	8,811
12	北京店						
13	出库单价	元	5,400	1,440	600	1,320	1,068
14	出库数量	台	17	25	38	15	12
15	本期收入		91,800	36,000	22,800	19,800	12,816
16	收入合计		139,950	66,600	40,200	40,700	26,077

图 6-36　精品出库统计表

步骤 8：在表格下方输入备注。字体为宋体，11 号。

在 B18 单元格输入："套餐 1：DVD 导航+胎压+行车记录仪"。

在 B19 单元格输入："套餐 2：胎压+行车记录仪"。

在 B20 单元格输入："套餐 3：苹果掌上移动电源+行车记录仪"。

在 B21 单元格输入："套餐 4：帮博坐垫+御马脚垫"。

在 B22 单元格输入："套餐 5：DVD 导航仪+御马脚垫"。

2．制作各店出库数量动态图表

步骤 1：在 Excel 的菜单里显示"开发工具"。选择"文件"菜单的"选项"。在弹出的"Excel 选项"对话框中，选择左侧的"自定义功能区"。然后在右侧的"自定义功能区"中选择"开发工具"，如图 6-37 所示。

图 6-37　"Excel 选项"对话框

步骤 2：点"开发工具"菜单的"插入"按钮，从弹出的"表单控件"中，选择第一行第三列的"复选框(窗体控件)",如图 6-38 所示。

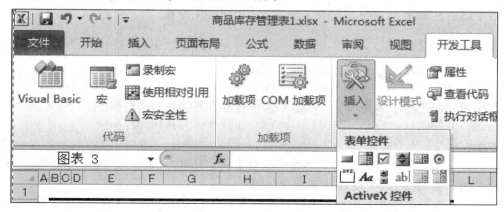

图 6-38　复选框(窗体控件)

步骤 3:制作控件。在 M2:O2 单元格绘制 3 个多选控件,分别将其显示的文本改为保定、石家庄、北京。

步骤 4:设置多选控件的单元格链接。选中第一个多选控件,右键,设置控件格式,在控制选项卡里将单元格链接设置为 M3。对后两个单元格设置同样步骤的操作,但是分别链接的单元格为 N3,O3。这样我们在选中多选按钮的时候,对应的单元格就会出现 TRUE 字样,未选中则出现 FALSE,如图 6-39 所示。

图 6-39　多选框控件

步骤 5:给"保定","石家庄","北京"的"出库数量"分别创建名称。单击"公式选项卡",然后选择"名称管理器",打开"名称管理器"对话框。选择"新建"按钮,打开"新建名称"对话框。

(1) 给"保定"的"出库数量"创建名称为 BD。其引用位置的公式为:"=OFFSET('1 月精品出库统计'!$F$3,--('1 月精品出库统计'!$M$3)*3,1,1,5)",如图 6-40 所示。

图 6-40　"编辑名称"对话框

(2) 给"石家庄"的"出库数量"创建名称为 SJZ。其引用位置的公式为:"=OFFSET('1 月精品出库统计'!$F$3,--('1 月精品出库统计'!$N$3)*7,1,1,5)"。

(3) 给"北京"的"出库数量"创建名称为 BJ。其引用位置的公式为:"=OFFSET('1 月精品出库统计'!$F$3,--('1 月精品出库统计'!$O$3)*11,1,1,5)"。

注意："--('1 月精品出库统计'!$M$3)"这个函数的意思，是将 M3 单元格里的内容转化成数字格式，如果为 True 将转化为数字 1，否则转化为 0。

※重点提示

OFFSET 函数的功能为以指定的引用为参照系，通过给定偏移量得到新的引用，返回的引用可以为一个单元格或单元格区域，并可以指定返回的行数或列数。

语法：OFFSET(reference, rows, cols, [height], [width])

参数：

reference：必需。要以其为偏移量的底数引用。引用必须是对单元格或相邻的单元格区域的引用，否则 OFFSET 返回错误值 #VALUE!。

rows：必需。需要左上角单元格引用的向上或向下行数。使用 3 作为 rows 参数，可指定引用中的左上角单元格为引用下方的 3 行。Rows 可为正数(这意味着在起始引用的下方)或负数(这意味着在起始引用的上方)。

cols：必需。需要结果的左上角单元格引用的从左到右的列数。使用 3 作为 cols 参数，可指定引用中的左上角单元格为引用右方的 3 列。Cols 可为正数(这意味着在起始引用的右侧)或负数(这意味着在起始引用的左侧)。

[height]：可选。 需要返回的引用的行高，Height 必须为正数。

[width]：可选。 需要返回的引用的列宽，Width 必须为正数。

例如，公式=SUM(OFFSET(B5, 5, 3, 6, 4))从 E10 单元格向下 6 行，向右 4 列的区域，也等于公式=SUM($E$10: $H$15)。

步骤 6：根据名称创建图表。

(1) 创建空白图表。将光标在表格空白处单击一下，选择"插入"选项卡下的"柱形图"中的"簇状柱形图"。即可创建一个空白图表。

(2) 创建图表。右单击空白图表，选择"选择数据"，打开"选择数据源"对话框，如图 6-41 所示。

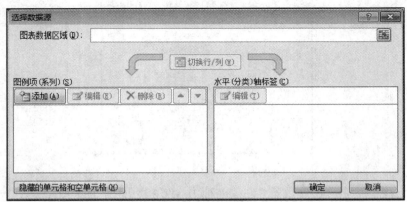

图 6-41 "选择数据源"对话框

(3) 添加"保定"店的数据。在"选择数据源"对话框中单击"添加"按钮，打开"编辑数据系列"对话框。在"系列名称"栏输入"="保定"",在"系列值"栏输入"='1 月精品出库统计'!BD",如图 6-42 所示。单击"确定"按钮,回到"选择数据源"对话框。

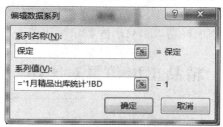

图 6-42　"编辑数据系列"对话框

(4) 添加"石家庄"店的数据。在"选择数据源"对话框中单击"添加"按钮,打开"编辑数据系列"对话框。在"系列名称"栏输入"="石家庄"",在"系列值"栏输入"='1月精品出库统计'!SJZ"。单击"确定"按钮,回到"选择数据源"对话框。

(5) 添加"北京"店的数据。在"选择数据源"对话框中单击"添加"按钮,打开"编辑数据系列"对话框。在"系列名称"栏输入"="石家庄"",在"系列值"栏输入"='1 月精品出库统计'!BJ"。单击"确定"按钮,回到"选择数据源"对话框。

(6) 添加"水平(分类)轴标签"。在"选择数据源"对话框中单击"编辑"按钮,弹出"轴标签"对话框。将光标放在"轴标签区域(A):"下的文本框中,然后选定单元格 G3:K3,如图 6-43 所示。单击"确定"按钮,回到"选择数据源"对话框。

图 6-43　"轴标签"对话框

(7) 再次单击"确定"按钮,图表即可完成。分别选择"保定","石家庄","北京",即可查看显示效果。例如只选择"保定","石家庄",效果如图 6-44 所示。

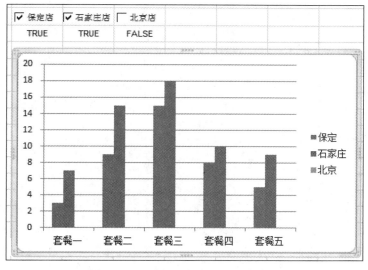

图 6-44　只选择"保定","石家庄"

步骤 7：修改图表类型。选中"保定"，"石家庄"，"北京"，然后在图表上右单击，从弹出的快捷菜单中选择"更改图表类型"。从弹出的"更改图表类型"中选择"带数据标志的折线图"，选择"确定"。添加标题"精品出库数量对比图"，完成的效果如图 6-45 所示。

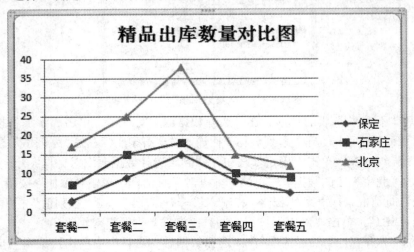

图 6-45　带数据标志的折线图

步骤 8：取消"网格线"。选择"视图"选项卡，取消"显示"栏的"网格线"前面的对钩，取消网格线的显示，最终完成效果如图 6-32 所示。

单元 7　公司销售数据管理

做好市场销售工作是公司生存之本，而日常销售数据是公司获取的第一手资料，对销售数据进行统计分析，是大多数公司日常工作中最为常见的工作之一，是销售人员特别是销售经理个人工作能力的体现。销售人员从销售数据中能清晰地判别存在的问题，以便及时采取改进措施，为公司的正确决策提供依据。

情景导入

本单元利用 Excel 2010 对销售数据进行管理。通过制作销售记录表并对其进行统计分析，实现公司对销售数据的管理、统计与分析，进而得到有用的数据，及时采取改进措施，为正确决策提供依据。

学习要点

➤　创建工作表并对其进行格式化。

➤　数据有效性设置。

➤　公式与函数的使用。

➤　数据的排序与筛选。

➤　数据的分类汇总。

➤　图表的创建与编辑。

➤　创建数据透视图与数据透视表。

任务 1　制作销售数据统计表

任务描述

某公司采用 Excel 2010 来管理销售数据，对销售数据进行统计分析。

在商品的日常销售过程中，一般会根据实际销售情况开具销售单据，将这些单据按日期一条条记录到 Excel 报表中，就可以很方便地对商品的销售情况进行统计分析。

作品展示

本次任务制作的"销售数据统计表"效果如图 7-1 所示。

日期	编码	车型	名称	规格型号	单位	地区	进价(万)	售价(万)	销售数量	销售额(万)	毛利润(万)	销售员
							本期销售记录一览表					
10月1日	CC001	哈弗	哈弗H1	标准型	辆	莲池区	4.6	5.49	4	21.96	3.56	罗益美
10月1日	CC006	哈弗	哈弗H6	精英型	辆	莲城区	9.6	10.78	2	21.56	2.36	张天阳
10月1日	CC009	哈弗	哈弗H8	舒适型	辆	竞秀区	17.3	18.88	2	37.76	3.16	何军
10月1日	CC007	哈弗	哈弗H6	豪华型	辆	满城区	11.1	12.18	3	36.54	3.24	张天阳
10月2日	CC017	轿车	长城C30	豪华型	辆	莲池区	6.1	7.19	5	35.95	5.45	张益美
10月2日	CC022	皮卡	风骏5	进取型	辆	满城区	6.6	7.68	2	15.36	2.16	张益美
10月2日	CC021	轿车	长城C50	精英型	辆	莲池区	8.5	8.59	3	25.77	0.27	何军
10月2日	CC008	哈弗	哈弗H6	豪华型	辆	竞秀区	10.8	11.98	2	23.96	2.36	何军
10月3日	CC002	哈弗	哈弗H1	舒适型	辆	满城区	4.7	5.99	2	11.98	2.58	罗益美
10月3日	CC011	哈弗	哈弗H8	精英型	辆	竞秀区	18.3	20.88	2	41.76	5.16	罗益美
10月3日	CC014	哈弗	哈弗H9	豪华型	辆	竞秀区	23.3	24.98	3	74.94	5.04	何军
10月4日	CC023	皮卡	风骏6	精英型	辆	竞秀区	8.6	9.68	3	29.04	3.24	何军
10月4日	CC016	轿车	长城C30	舒适型	辆	竞秀区	5.7	6.79	3	20.37	3.27	何军
10月4日	CC013	哈弗	哈弗H9	精英型	辆	满城区	21.4	22.98	4	91.92	6.32	张天阳
10月5日	CC008	哈弗	哈弗H6	豪华型	辆	竞秀区	10.8	11.98	2	23.96	2.36	张天阳
10月5日	CC018	轿车	长城C30	舒适型	辆	莲池区	5.2	6.28	2	12.56	2.16	罗益美
10月5日	CC019	轿车	长城C30	豪华型	辆	竞秀区	5.6	6.69	2	13.38	2.18	何军
10月5日	CC023	皮卡	风骏6	精英型	辆	莲池区	8.6	9.68	3	29.04	3.24	罗益美
10月5日	CC005	哈弗	哈弗H6	豪华型	辆	莲池区	10.1	11.18	2	22.36	2.16	罗益美
10月6日	CC022	皮卡	风骏5	进取型	辆	竞秀区	6.6	7.68	2	15.36	2.16	何军
10月6日	CC024	皮卡	风骏8	领航型	辆	满城区	11.3	12.48	3	37.44	3.54	张天阳
10月6日	CC019	轿车	长城C30	豪华型	辆	竞秀区	5.6	6.69	2	13.38	2.18	何军
10月6日	CC010	哈弗	哈弗H8	标准型	辆	竞秀区	18.5	20.18	3	60.54	5.04	张天阳
10月6日	CC003	哈弗	哈弗H1	精英型	辆	竞秀区	5.2	6.39	3	19.17	3.57	何军
10月7日	CC004	哈弗	哈弗H2	精英型	辆	莲池区	9.4	10.58	3	31.74	3.54	张天阳
10月7日	CC003	哈弗	哈弗H1	豪华型	辆	莲池区	5.2	6.39	3	19.17	3.57	罗益美
10月7日	CC010	哈弗	哈弗H8	豪华型	辆	莲池区	18.5	20.18	3	60.54	5.04	张天阳
10月7日	CC012	哈弗	哈弗H8	豪华型	辆	满城区	20.5	22.18	2	44.36	3.36	张天阳
10月7日	CC014	哈弗	哈弗H9	豪华型	辆	竞秀区	23.3	24.98	3	74.94	5.04	何军
10月7日	CC019	轿车	长城C30	豪华型	辆	满城区	5.6	6.69	2	13.38	2.18	何军
10月10日	CC004	哈弗	哈弗H2	精英型	辆	满城区	9.4	10.58	3	31.74	3.54	张天阳
10月10日	CC006	哈弗	哈弗H6	精英型	辆	满城区	9.6	10.78	2	21.56	2.36	张天阳
10月10日	CC015	哈弗	哈弗H9	舒适型	辆	莲池区	25.7	27.28	2	54.56	3.16	罗益美
10月10日	CC021	轿车	长城C50	精英型	辆	莲池区	8.5	8.59	3	25.77	0.27	罗益美
10月12日	CC016	轿车	长城C30	舒适型	辆	莲池区	5.7	6.79	3	20.37	3.27	何军
10月13日	CC022	皮卡	风骏5	进取型	辆	竞秀区	6.6	7.68	2	15.36	2.16	何军
10月15日	CC014	哈弗	哈弗H9	豪华型	辆	竞秀区	23.3	24.98	3	74.94	5.04	何军
10月15日	CC017	轿车	长城C30	豪华型	辆	竞秀区	6.1	7.19	5	35.95	5.45	张天阳
10月18日	CC023	皮卡	风骏6	领航型	辆	竞秀区	8.6	9.68	3	29.04	3.24	罗益美
10月18日	CC009	哈弗	哈弗H8	舒适型	辆	莲池区	17.3	18.88	2	37.76	3.16	罗益美
10月20日	CC012	哈弗	哈弗H8	豪华型	辆	满城区	20.5	22.18	2	44.36	3.36	张天阳
10月23日	CC013	哈弗	哈弗H9	精英型	辆	竞秀区	21.4	22.98	4	91.92	6.32	何军
10月25日	CC006	哈弗	哈弗H6	精英型	辆	满城区	9.6	10.78	2	21.56	2.36	张天阳
10月27日	CC018	轿车	长城C30	舒适型	辆	竞秀区	5.2	6.28	2	12.56	2.16	何军
10月31日	CC016	轿车	长城C30	舒适型	辆	满城区	5.7	6.79	3	20.37	3.27	何军
10月31日	CC017	轿车	长城C30	豪华型	辆	莲池区	6.1	7.19	5	35.95	5.45	张天阳
10月31日	CC020	轿车	长城C50	时尚型	辆	莲池区	6.9	7.99	3	23.97	3.27	罗益美

图 7-1　销售数据统计表

任务要点

➢ 移动和复制工作表获取外部数据。

➢ 在工作表中输入数据并格式化。

➢ 数据有效性的设置。

➢ 公式计算及 IF 函数和 VLOOKUP 函数的应用。

任务实施

1. 复制工作表

步骤 1：启动 Excel 2010，新建"公司销售数据管理"工作簿。

步骤 2：将"素材"工作簿中的"商品基本信息"工作表复制到"公司销售数据管理"工作簿中。

2. 创建销售数据统计表

步骤 1：打开"公司销售数据管理"工作簿，将"Sheet1"工作表重命名为"销售数据统计表"，然后在工作表中输入表格标题和列标题，如图 7-2 所示。

| 1 | | 本期销售记录一览表 | | | | | | | | | | | |
| 2 | | 日期 | 编码 | 车型 | 名称 | 规格型号 | 单位 | 地区 | 进价（万） | 售价（万） | 销售数量 | 销售额（万） | 毛利润（万） | 销售员 |

图 7-2　"销售数据统计表"表格标题及列标题

步骤 2：设置"日期"列单元格区域的格式为"日期"，类型为"3 月 14 日"，确定后输入日期，如图 7-3 所示。

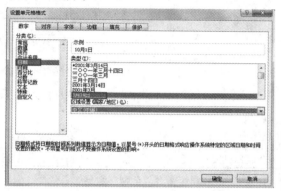

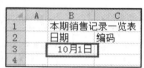

图 7-3　设置日期格式并输入日期

步骤 3：设置"编码"列单元格区域的数据有效性规则为"序列"，来源为"商品基本信息"工作表中的 B3:B26 单元格区域。

（1）定义区域名称。

方法 1：选中"商品基本信息"工作表的 B3:B26 单元格区域，在编辑栏的名称框输入"商品编码"，如图 7-4 所示，然后按回车键确认。

商品编码			fx	CC001					
A	B	C	D	E	F	G	H	I	J
1				商品基本信息					
2	编码	车型	名称	变速箱	规格型号	单位	入库单价（万）	出库单价（万）	期初库存
3	CC001	哈弗	哈弗H1	手动	标准型	辆	4.6	5.49	
4	CC002	哈弗	哈弗H1	手动	舒适型	辆	4.7	5.99	9
5	CC003	哈弗	哈弗H1	手动	豪华型	辆	5.2	6.39	8
6	CC004	哈弗	哈弗H2	自动	精英型	辆	9.4	10.58	10
7	CC005	哈弗	哈弗H2	自动	豪华型	辆	10.1	11.18	12
8	CC006	哈弗	哈弗H6	手动	精英型	辆	9.6	10.78	10
9	CC007	哈弗	哈弗H6	手动	尊贵型	辆	11.1	12.18	9
10	CC008	哈弗	哈弗H6	自动	豪华型	辆	10.8	11.98	7
11	CC009	哈弗	哈弗H8	手自一体	舒适型	辆	17.3	18.88	6
12	CC010	哈弗	哈弗H8	手自一体	标准型	辆	18.5	20.18	20
13	CC011	哈弗	哈弗H8	手自一体	精英型	辆	18.3	20.88	13
14	CC012	哈弗	哈弗H8	手自一体	豪华型	辆	20.5	22.18	15
15	CC013	哈弗	哈弗H9	手自一体	精英型	辆	21.4	22.98	16
16	CC014	哈弗	哈弗H9	手自一体	豪华型	辆	23.3	24.98	14
17	CC015	哈弗	哈弗H9	手自一体	尊贵型	辆	25.7	27.28	9
18	CC016	轿车	长城C30	自动	舒适型	辆	5.7	6.79	10
19	CC017	轿车	长城C30	自动	豪华型	辆	6.1	7.19	15
20	CC018	轿车	长城C30	手动	舒适型	辆	5.8	6.28	17
21	CC019	轿车	长城C30	手动	豪华型	辆	5.6	6.69	12
22	CC020	轿车	长城C50	手动	时尚型	辆	6.9	7.99	11
23	CC021	轿车	长城C50	手动	精英型	辆	8.5	8.59	7
24	CC022	皮卡	风骏5	手动	进取型	辆	6.6	7.68	5
25	CC023	皮卡	风骏6	手动	精英型	辆	8.6	9.68	8
26	CC024	皮卡	风骏6	手动	领航型	辆	11.3	12.48	12
27									

图 7-4　定义区域名称

方法 2：先选中"商品基本信息"工作表的 B3:B26 单元格区域，单击"公式"选项卡"定义的名称"组中的"定义名称"按钮，打开"新建名称"对话框，在"名称"框中输入"商品编码"，确认引用位置无误，如图 7-5 所示，然后单击"确定"按钮。

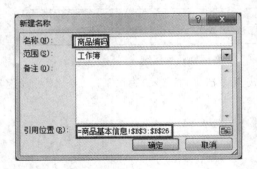

图 7-5　"新建名称"对话框　　　　　图 7-6　"编码"列数据有效性规则设置

(2) 选中"销售数据统计表"中"编码"列单元格区域，设置数据有效性规则，如图 7-6 所示，单击"确定"按钮后输入数据。

步骤 4：单击 D3 单元格，利用 VLOOKUP 函数计算出"车型"数据，如图 7-7 所示。

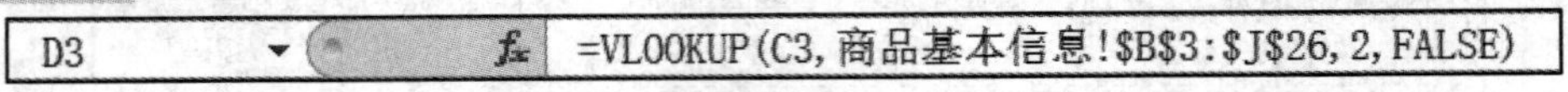

| D3 | ▼ | f_x | =VLOOKUP(C3,商品基本信息!$B$3:$J$26,2,FALSE) |

图 7-7　利用 VLOOKUP 函数计算出"车型"数据

步骤 5：单击 E3 单元格，利用 VLOOKUP 函数计算出"名称"数据，如图 7-8 所示。

| E3 | ▼ | f_x | =VLOOKUP(C3,商品基本信息!$B$3:$J$26,3,FALSE) |

图 7-8　利用 VLOOKUP 函数计算出"名称"数据

步骤 6：单击 F3 单元格，利用 VLOOKUP 函数计算出"规格型号"数据，如图 7-9 所示。

| F3 | ▼ | f_x | =VLOOKUP(C3,商品基本信息!$B$3:$J$26,5,FALSE) |

图 7-9　利用 VLOOKUP 函数计算出"规格型号"数据

步骤 7：输入单位"辆"和"销售数量"数据。

步骤 8：选中 H 列，设置"地区"列单元格区域的数据有效性规则为"序列"，来源"莲池区,竞秀区,满城区"，如图 7-10 所示，单击"确定"后选择地区数据。

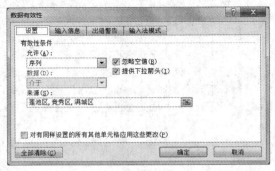

图 7-10　设置"地区"列单元格区域数据有效性

※重点提示

设置数据有效性时，来源数据之间必须使用英文半角逗号隔开。

步骤 9：单击 I3 单元格，利用 VLOOKUP 函数计算出"进价(万)"数据，如图 7-11 所示。

| I3 | ▼ | f_x | =VLOOKUP(C3,商品基本信息!$B$3:$J$26,7,FALSE) |

图 7-11　利用 VLOOKUP 函数计算出"进价(万)"数据

步骤 10：单击 J3 单元格，利用 VLOOKUP 函数计算出"售价(万)"数据，如图 7-12 所示。

| J3 | ▼ | f_x | =VLOOKUP(C3,商品基本信息!$B$3:$J$26,8,FALSE) |

图 7-12　利用 VLOOKUP 函数计算出"售价(万)"数据

步骤 11：单击 N3 单元格，利用 IF 函数计算出"销售员"数据，如图 7-13 所示。如果地区为"莲池区"，销售员为"罗益美"；如果地区为"满城区"，销售员为"张天阳"；如果地区为"竞秀区"，销售员为"何军"。

| N3 | ▼ | f_x | =IF(H3="莲池区","罗益美",IF(H3="满城区","张天阳",IF(H3="竞秀区","何军",""))) |

图 7-13　利用 IF 函数计算出"销售员"数据

步骤 12：根据销售单据，依次输入其他销售记录的日期、编码、地区、销售数量，分别拖动 D3:G3 单元格区域、I3:J3 单元格区域、N3 右下角的填充柄，计算出其他记录的相应数据。

3. 计算销售数据统计表的"销售额"和"毛利润"

步骤 1：单击 L3 单元格，利用公式计算出"销售额(万)"数据，如图 7-14 所示。双击 L3 单元格右下角的填充柄，计算出其他记录的销售额。

计算方法：销售额 = 售价 × 销售数量。

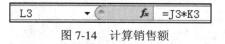

图 7-14　计算销售额

图 7-15　计算毛利润

步骤 2：单击 M3 单元格，利用公式计算出"毛利润(万)"数据，如图 7-15 所示。双击 M3 单元格右下角的填充柄，计算出其他记录的毛利润。

计算方法：毛利润 = (售价−进价) × 销售数量。

4. 格式化"销售数据统计表"

步骤 1：表格标题"本期销售记录一览表"在 B1:N1 单元格区域合并且居中显示，字符格式为"宋体、14 磅、白色、加粗"，填充图案颜色为"红色，强调文字颜色 2"，图案样式为"75%灰色"。

步骤 2：除表格标题外的表格文字均为宋体、10 磅、水平居中显示，自动调整行高，自动调整列宽，并给表格添加绿色边框。

步骤 3：为表格文字隔行添加底纹"橙色，强调文字颜色 6，淡色 80%"，如图 7-1 所示。

※重点提示

设置格式时，可巧用格式刷来复制格式。

任务 2　分析各地区销售情况

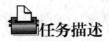**任务描述**

　　公司的销售经理想了解各地区车辆销售情况，以制定新的营销规划和销售预算等。在创建销售数据统计表后，就可以利用统计表对各地区销售情况进行分析，如比较各地区销售情况，车型销售情况等。

作品展示

　　本任务分析各车型销售情况后的效果如图 7-16～图 7-19 所示。

日期	编码	车型	名称	规格型	单位	地区	进价（万）	售价（万）	销售数	销售额（万）	毛利润（万）	销售员
								本期销售记录一览表				
10月1日	CC001	哈弗	哈弗H1	标准型	辆	莲池区	4.6	5.49	4	21.96	3.56	罗益美
10月3日	CC011	哈弗	哈弗H8	精英型	辆	莲池区	18.3	20.88	2	41.76	5.16	罗益美
10月5日	CC005	哈弗	哈弗H2	豪华型	辆	莲池区	10.1	11.18	2	22.36	2.16	罗益美
10月7日	CC003	哈弗	哈弗H1	豪华型	辆	莲池区	5.2	6.39	3	19.17	3.57	罗益美
10月7日	CC010	哈弗	哈弗H8	标准型	辆	莲池区	18.5	20.18	3	60.54	5.04	罗益美
10月10日	CC015	哈弗	哈弗H9	尊贵型	辆	莲池区	25.7	27.28	2	54.56	3.16	罗益美
10月18日	CC009	哈弗	哈弗H8	舒适型	辆	莲池区	17.3	18.88	2	37.76	3.16	罗益美

图 7-16　"查看指定地区指定车型销售情况"效果图

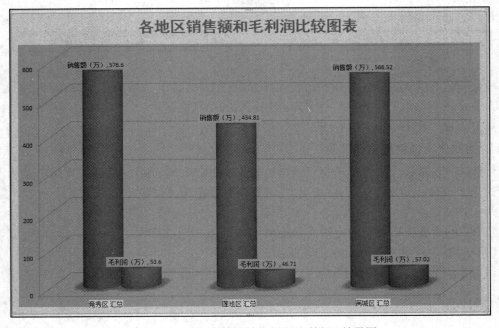

图 7-17　"比较各地区销售额和毛利润"效果图

日期	编码	车型	名称	规格型号	档位	地区	进价（万）	售价（万）	销售数量	销售额（万）	毛利润（万）	销售员
				本期各地区不同车型销售情况汇总表								
10月21日	CC009	哈弗	哈弗H8	舒适型	销	竞秀区	17.3	18.88		37.76	3.16	何军
10月2日	CC008	哈弗	哈弗H6	豪华型	销	竞秀区	10.8	11.98	2	23.96	2.36	何军
10月3日	CC014	哈弗	哈弗H9	豪华型	销	竞秀区	23.3	24.98		74.94	5.04	何军
10月6日	CC003	哈弗	哈弗H1	豪华型	销	竞秀区	5.2	6.39	3	19.17	3.57	何军
10月15日	CC014	哈弗	哈弗H9	豪华型	销	竞秀区	23.3	24.98		74.94	5.04	何军
10月23日	CC013	哈弗	哈弗H9	精英型	销	竞秀区	21.4	22.98	4	91.92	6.32	何军
		哈弗 汇总								397.63	30.53	
10月2日	CC021	轿车	长城C50	精英型	销	竞秀区	8.5	8.59		25.77	0.27	何军
10月4日	CC016	轿车	长城C30	舒适型	销	竞秀区	5.7	6.79	3	20.37	3.27	何军
10月5日	CC019	轿车	长城C30	豪华型	销	竞秀区	5.6	6.69	2	13.38	2.18	何军
10月7日	CC019	轿车	长城C30	豪华型	销	竞秀区	5.6	6.69	2	13.38	2.18	何军
10月27日	CC018	轿车	长城C30	舒适型	销	竞秀区	5.2	6.28	2	12.56	2.16	何军
10月31日	CC016	轿车	长城C30	舒适型	销	竞秀区	5.7	6.79		20.37	3.27	何军
		轿车 汇总								119.21	16.51	
10月4日	CC023	皮卡	风骏6	精英型	销	竞秀区	8.6	9.68	3	29.04	3.24	何军
10月6日	CC022	皮卡	风骏5	进取型	销	竞秀区	6.6	7.68	3	18.36	2.16	何军
10月13日	CC022	皮卡	风骏5	进取型	销	竞秀区	6.6	7.68		15.36	2.16	何军
		皮卡 汇总								59.76	7.56	
						竞秀区 汇总				576.6	53.6	
10月1日	CC001	哈弗	哈弗H1	标准型	销	莲池区	4.6	5.49	4	21.96	3.56	罗益美
10月3日	CC011	哈弗	哈弗H8	精英型	销	莲池区	18.3	20.88	2	41.76	6.16	罗益美
10月5日	CC006	哈弗	哈弗H2	豪华型	销	莲池区	10.1	11.18	2	22.36	2.16	罗益美
10月7日	CC003	哈弗	哈弗H1	豪华型	销	莲池区	5.2	6.39	3	19.17	3.57	罗益美
10月10日	CC010	哈弗	哈弗H8	标准型	销	莲池区	18.5	20.18	3	60.54	5.04	罗益美
10月15日	CC015	哈弗	哈弗H9	尊贵型	销	莲池区	25.7	27.28	2	54.56	3.16	罗益美
10月18日	CC009	哈弗	哈弗H8	舒适型	销	莲池区	17.3	18.88	2	37.76	3.16	罗益美
		哈弗 汇总								258.11	26.81	
10月2日	CC017	轿车	长城C30	豪华型	销	莲池区	6.1	7.19	5	35.95	5.45	罗益美
10月5日	CC018	轿车	长城C30	舒适型	销	莲池区	5.2	6.28	2	12.56	2.16	罗益美
10月10日	CC021	轿车	长城C50	精英型	销	莲池区	8.5	8.59	3	25.77	0.27	罗益美
10月12日	CC016	轿车	长城C30	舒适型	销	莲池区	5.7	6.79	3	20.37	3.27	罗益美
10月31日	CC020	轿车	长城C60	时尚型	销	莲池区	6.9	7.99	3	23.97	3.27	罗益美
		轿车 汇总								118.62	14.42	
10月5日	CC023	皮卡	风骏6	精英型	销	莲池区	8.6	9.68	3	29.04	3.24	罗益美
10月18日	CC023	皮卡	风骏6	精英型	销	莲池区	8.6	9.68		29.04	3.24	罗益美
		皮卡 汇总								58.08	6.48	
						莲池区 汇总				434.81	46.71	
10月1日	CC006	哈弗	哈弗H6	精英型	销	满城区	9.6	10.78	2	21.56	2.36	张天阳
10月1日	CC007	哈弗	哈弗H6	尊贵型	销	满城区	11.1	12.18	3	36.54	3.24	张天阳
10月3日	CC002	哈弗	哈弗H1	舒适型	销	满城区	4.7	5.99	2	11.98	2.58	张天阳
10月3日	CC013	哈弗	哈弗H9	精英型	销	满城区	21.4	22.98	4	91.92	6.32	张天阳
10月5日	CC008	哈弗	哈弗H6	豪华型	销	满城区	10.8	11.98	2	23.96	2.36	张天阳
10月5日	CC010	哈弗	哈弗H8	标准型	销	满城区	18.5	20.18	3	60.54	5.04	张天阳
10月7日	CC004	哈弗	哈弗H2	豪华型	销	满城区	9.4	10.58	3	31.74	3.54	张天阳
10月7日	CC012	哈弗	哈弗H8	豪华型	销	满城区	20.5	22.18	2	44.36	3.36	张天阳
10月10日	CC004	哈弗	哈弗H2	精英型	销	满城区	9.4	10.58	3	31.74	3.54	张天阳
10月10日	CC006	哈弗	哈弗H6	精英型	销	满城区	9.6	10.78	2	21.56	2.36	张天阳
10月26日	CC012	哈弗	哈弗H8	豪华型	销	满城区	20.5	22.18	2	44.36	3.36	张天阳
10月26日	CC006	哈弗	哈弗H6	精英型	销	满城区	9.6	10.78	2	21.56	2.36	张天阳
		哈弗 汇总								441.82	40.42	
10月15日	CC017	轿车	长城C30	豪华型	销	满城区	6.1	7.19	5	35.95	5.45	张天阳
10月31日	CC017	轿车	长城C30	豪华型	销	满城区	6.1	7.19	5	35.95	5.45	张天阳
		轿车 汇总								71.9	10.9	
10月2日	CC022	皮卡	风骏5	进取型	销	满城区	6.6	7.68	2	15.36	2.16	张天阳
10月6日	CC024	皮卡	风骏6	领航型	销	满城区	11.3	12.48	3	37.44	3.54	张天阳
		皮卡 汇总								52.8	5.7	
						满城区 汇总				566.52	57.02	
						总计				1577.93	187.33	

图 7-18　"各地区不同车型销售汇总"效果图

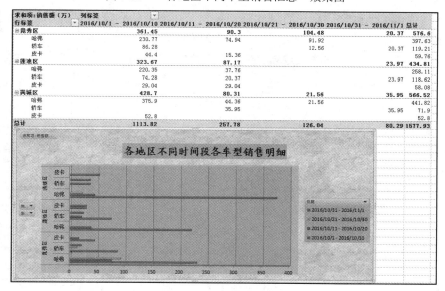

图 7-19　"各地区不同时间段各车型销售明细"

任务要点

➢ 数据的筛选与排序。
➢ 数据的嵌套分类汇总。
➢ 创建与编辑图表工作表。
➢ 数据透视表的使用。

任务实施

1. 查看指定地区、指定车型的销售情况

利用自动筛选查看指定地区的指定车型的销售情况，例如：查看"北市区"的"哈弗"车的销售情况，操作步骤如下：

步骤 1：将"销售数据统计表"中的数据复制到 Sheet2 工作表，将工作表重命名为"查看指定地区指定车型销售情况"。

步骤 2：单击"查看指定地区指定车型销售情况"工作表标签，使其成为当前工作表。

步骤 3：单击工作表任一非空单元格，然后单击"数据"选项卡"排序和筛选"组的"筛选"按钮，可看到工作表列标题右侧出现筛选按钮，如图 7-20 所示。

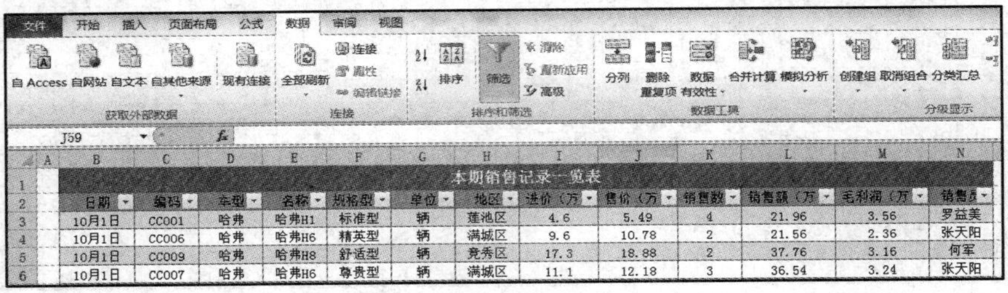

图 7-20　单击"筛选"按钮

步骤 4：单击"地区"列标题右侧的筛选按钮，在展开的列表中取消"全选"复选框，然后选择要查看的地区，如"莲池区"，如图 7-21 所示。

图 7-21　选择要查看的地区

步骤 5： 单击"确定"按钮，则可筛选出地区为"莲池区"的所有销售记录，同时"地区"列标题右侧出现筛选标记，如图 7-22 所示。

	日期	编码	车型	名称	规格型	单位	地区	进价（万）	售价（万）	销售数	销售额（万）	毛利润（万）	销售点
					本期销售记录一览表								
3	10月1日	CC001	哈弗	哈弗H1	标准型	辆	莲池区	4.6	5.49	4	21.96	3.56	罗益美
7	10月2日	CC017	轿车	长城C30	豪华型	辆	莲池区	6.1	7.19	5	35.95	5.45	罗益美
12	10月3日	CC011	哈弗	哈弗H8	精英型	辆	莲池区	18.3	20.88	2	41.76	5.16	罗益美
18	10月5日	CC018	轿车	长城C30	舒适型	辆	莲池区	5.2	6.28	2	12.56	2.16	罗益美
20	10月5日	CC023	皮卡	风骏6	精英型	辆	莲池区	8.6	9.68	3	29.04	3.24	罗益美
21	10月5日	CC005	哈弗	哈弗H2	豪华型	辆	莲池区	10.1	11.18	2	22.36	2.16	罗益美
28	10月7日	CC003	哈弗	哈弗H1	豪华型	辆	莲池区	5.2	6.39	3	19.17	3.57	罗益美
29	10月7日	CC010	哈弗	哈弗H8	标准型	辆	莲池区	18.5	20.18	3	60.54	5.04	罗益美
35	10月10日	CC015	哈弗	哈弗H9	尊贵型	辆	莲池区	25.7	27.28	2	54.56	3.16	罗益美
36	10月10日	CC021	轿车	长城C50	精英型	辆	莲池区	8.5	8.59	3	25.77	0.27	罗益美
37	10月12日	CC016	轿车	长城C30	舒适型	辆	莲池区	5.7	6.79	3	20.37	3.27	罗益美
41	10月18日	CC023	皮卡	风骏6	精英型	辆	莲池区	8.6	9.68	3	29.04	3.24	罗益美
42	10月18日	CC009	哈弗	哈弗H8	舒适型	辆	莲池区	17.3	18.88	2	37.76	3.16	罗益美
49	10月31日	CC020	轿车	长城C50	时尚型	辆	莲池区	6.9	7.99	3	23.97	3.27	罗益美

图 7-22　筛选出指定地区的销售记录

步骤 6： 单击"车型"列标题右侧的筛选按钮，在展开的列表中取消"全选"复选框，然后单击选择要查看的品牌"哈弗"。

步骤 7： 单击"确定"按钮，即可筛选出指定地区指定车型的所有销售记录，如图 7-16 所示。

2. 统计各地区不同车型的"销售额"和"毛利润"

利用分类汇总统计各地区不同车型"销售额"和"毛利润"之和，操作步骤如下：

步骤 1： 将"销售数据统计表"数据复制到 Sheet3 工作表中，将工作表重命名为"各地区不同车型销售汇总"。

步骤 2： 单击"各地区不同车型销售汇总"工作表标签，使其成为当前工作表。

步骤 3： 单击任一单元格，然后单击"数据"选项卡"排序和筛选"组的"排序"按钮，打开"排序"对话框。

步骤 4： 在"排序"对话框，设置主要关键字为"地区"，单击"添加条件"按钮，添加次要关键字"车型"，次序均为升序，如图 7-23 所示。

图 7-23　设置排序关键字

步骤 5： 单击"数据"选项卡"分组显示"组的"分类汇总"按钮，打开"分类汇总"对话框。

步骤 6： 在"分类字段"下拉列表中选择"地区"作为分类字段；在"汇总方式"下拉列表中选择汇总方式"求和"；在"选定汇总项"列表中选择需要汇总的字段"销售额"和"毛利润"，如图 7-24 所示。单击"确定"按钮，即可得到按"地区"分类汇总的结果。

步骤 7： 再次打开"分类汇总"对话框，选择"车型"为分类字段，汇总方式为"求和"，汇总字段为"销售额"和"毛利润"，取消"替换当前分类汇总"选项，如图 7-25 所示。单击"确定"按钮，即可得到按地区和车型分类汇总"销售额"和"毛利润"的结果，如图 7-18 所示。

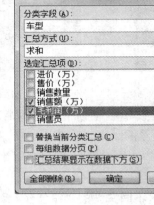

图 7-24　按地区分类汇总　　　　　　图 7-25　按车型嵌套分类汇总

步骤 8： 修改工作表标题为"本期各地区不同车型销售情况汇总表"，效果如图 7-18 所示。

※重点提示

> 在进行"分类汇总"前一定要按分类字段对数据进行排序，排序次序可升序也可降序。

3．比较各地区销售额和毛利润

利用分类汇总的 2 级汇总结果创建图表工作表，比较各地区销售额及毛利润。

步骤 1： 单击"各地区不同车型销售汇总"工作表标签，使其成为当前工作表。

步骤 2： 单击分级显示按钮 2，如图 7-26 所示。

	A	B	C	D	E	F	G	H	I	J	K	L	M	N
1						本期各地区不同车型销售情况汇总表								
2		日期	编码	车型	名称	规格型号	单位	地区	进价（万）	售价（万）	销售数量	销售额（万）	毛利润（万）	销售员
23								越秀区 汇总				576.6	53.6	
41								莲池区 汇总				434.81	46.71	
61								清城区 汇总				566.52	57.02	
62								总计				1577.93	157.33	

图 7-26　2 级分类汇总结果及总计数据

步骤 3： 选择要创建图表的数据区域。地区、销售额及毛利润汇总的值。

步骤 4： 创建簇状圆柱图。单击"插入"选项卡"图表"组"柱形图"按钮，在展开的列表中单击"簇状圆柱图"，即可在工作表中插入一张嵌入式簇状圆柱图，如图 7-27 所示。

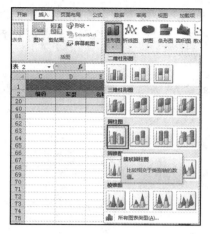
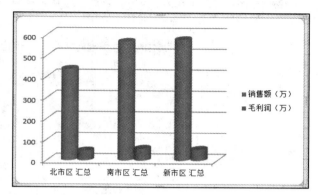

图 7-27   创建簇状圆柱图

步骤 5: 移动图表位置到新工作表"比较各地区销售额和毛利润"。

步骤 6: 设置图表样式为"样式 18";添加图表标题"各地区销售额和毛利润比较图表",字符格式为黑体、24 磅、加粗、蓝色;显示数据标签和系列名称,将数据系列形状填充浅绿色;不显示图例;图表区填充"再生纸"纹理;绘图区填充"紫色,强调文字颜色 4,淡色 40%";水平轴填充"紫色,强调文字颜色 4,淡色 80%",效果如图 7-17 所示。

※重点提示

统计、比较各地区不同车型销售额和毛利润,也可以使用数据透视表和数据透视图完成。

4. 分析各地区不同时期各车型销售明细

利用数据透视表,按 10 天为一个时间段来分析各地区不同车型的销售明细情况,操作步骤如下:

步骤 1: 单击"销售数据统计表"工作表标签,使其成为当前工作表。

步骤 2: 单击"插入"选项卡"表格"组的"数据透视表"按钮,在展开的列表中选择"数据透视表",确认"表/区域"数据,将创建的数据透视表放置到一个新工作表,如图 7-28 所示。

图 7-28   "创建数据透视表"对话框

步骤 3：单击"确定"按钮，将工作表重命名为"各地区不同时间段各车型销售明细"。

步骤 4：在"数据透视表字段列表"窗格设置行标签为"地区"及"车型"，列标签为"日期"，数值为"销售额"求和，如图 7-29 所示。

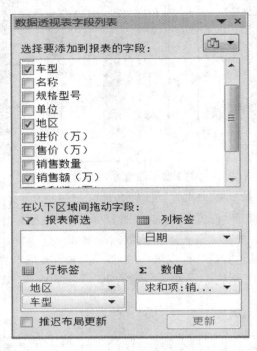

图 7-29　设置数据透视表要添加的字段

步骤 5：单击列标签下的任一单元格，然后单击"数据透视表工具选项"选项卡"分组"中的"将字段分组"按钮，如图 7-30 所示。

步骤 6：在打开的"分组"对话框中，设置"步长"为"日"，并设置"天数"为"10"，如图 7-31 所示。

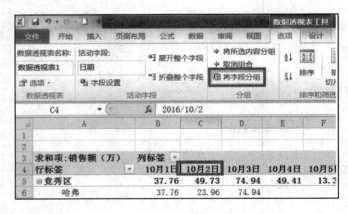

图 7-30　单击"将字段分组"按钮

图 7-31　设置分组具体内容

步骤 7：单击"确定"按钮，可以看到日期间隔 10 天分组显示，如图 7-32 所示。

求和项:销售额（万）	列标签				
行标签	2016/10/1 - 2016/10/10	2016/10/11 - 2016/10/20	2016/10/21 - 2016/10/30	2016/10/31 - 2016/11/1	总计
竞秀区	361.45	90.3	104.48	20.37	576.6
哈弗	230.77	74.94	91.92		397.63
轿车	86.28		12.56	20.37	119.21
皮卡	44.4	15.36			59.76
莲池区	323.67	87.17		23.97	434.81
哈弗	220.35	37.76			258.11
轿车	74.28	20.37		23.97	118.62
皮卡	29.04	29.04			58.08
满城区	428.7	80.31	21.56	35.95	566.52
哈弗	375.9	44.36	21.56		441.82
轿车		35.95		35.95	71.9
皮卡	52.8				52.8
总计	1113.82	257.78	126.04	80.29	1577.93

图 7-32　日期分组效果

步骤 8：为数据透视表添加"簇状水平圆柱图"，图表标题为"各地区不同时间段各车型销售明细"，字符格式为楷体、20 磅、加粗，填充橙色；图例右侧显示，填充橙色；图表区填充"信纸"纹理；绘图区填充"橄榄色，强调文字颜色 3，淡色 40%"；背景墙填充"水绿色，强调文字颜色 5，淡色 40%"；把图表移动到合适位置，效果如图 7-19 所示。

任务 3　分析各车型销售情况

任务描述

为了更清晰地了解各车型在不同地区不同时段的销售情况，公司销售经理需要利用销售数据统计表中的数据，来统计分析各车型的销售情况。

作品展示

本次任务制作的效果图如图 7-33～图 7-36 所示。

日期	编码	车型	名称	规格型号	单位	地区	进价（万）	售价（万）	销售数量	销售额（万）	毛利润（万）	销售员
10月1日	CC006	哈弗	哈弗H6	精英型	辆	满城区	9.6	10.78	2	21.56	2.36	张天阳
10月1日	CC009	哈弗	哈弗H8	舒适型	辆	竞秀区	17.3	18.88	2	37.76	3.16	何军
10月1日	CC007	哈弗	哈弗H6	豪典型	辆	竞秀区	11.1	12.18	3	36.54	3.24	张天阳
10月2日	CC008	哈弗	哈弗H6	豪华型	辆	竞秀区	10.8	11.98	2	23.96	2.36	何军
10月2日	CC011	哈弗	哈弗H8	精英型	辆	莲池区	18.3	20.88	2	41.76	5.16	罗益美
10月3日	CC014	哈弗	哈弗H9	豪华型	辆	竞秀区	23.3	24.98	3	74.94	5.04	何军
10月4日	CC013	哈弗	哈弗H9	精英型	辆	满城区	21.4	22.98	4	91.92	6.32	张天阳
10月5日	CC008	哈弗	哈弗H6	豪华型	辆	满城区	10.8	11.98	2	23.96	2.36	张天阳
10月5日	CC005	哈弗	哈弗H2	豪华型	辆	莲池区	10.1	11.18	2	22.36	2.16	罗益美
10月6日	CC024	皮卡	风骏6	特旗型	辆	满城区	11.3	12.48	3	37.44	3.54	张天阳
10月6日	CC010	哈弗	哈弗H8	标准型	辆	满城区	18.5	20.18	3	60.54	5.04	张天阳
10月7日	CC004	哈弗	哈弗H2	精英型	辆	满城区	9.4	10.58	3	31.74	3.54	张天阳
10月7日	CC010	哈弗	哈弗H8	标准型	辆	莲池区	18.5	20.18	3	60.54	5.04	罗益美
10月7日	CC012	哈弗	哈弗H8	豪华型	辆	满城区	20.5	22.18	2	44.36	3.36	张天阳
10月7日	CC014	哈弗	哈弗H9	豪华型	辆	竞秀区	23.3	24.98	3	74.94	5.04	何军
10月10日	CC004	哈弗	哈弗H2	精英型	辆	满城区	9.4	10.58	3	31.74	3.54	张天阳
10月10日	CC006	哈弗	哈弗H6	精英型	辆	满城区	9.6	10.78	2	21.56	2.36	张天阳
10月10日	CC015	哈弗	哈弗H8	豪典型	辆	莲池区	25.7	27.28	2	54.56	3.16	罗益美
10月15日	CC014	哈弗	哈弗H9	豪华型	辆	竞秀区	23.3	24.98	3	74.94	5.04	何军
10月18日	CC009	哈弗	哈弗H8	舒适型	辆	莲池区	17.3	18.88	2	37.76	3.16	罗益美
10月20日	CC012	哈弗	哈弗H8	豪华型	辆	满城区	20.5	22.18	2	44.36	3.36	张天阳
10月23日	CC013	哈弗	哈弗H9	精英型	辆	竞秀区	21.4	22.98	4	91.92	6.32	何军
10月26日	CC006	哈弗	哈弗H6	精英型	辆	竞秀区	9.6	10.78	2	21.56	2.36	张天阳

图 7-33　指定条件车型查询效果图

公司销售数据管理

图 7-34　各车型销售额比较效果图

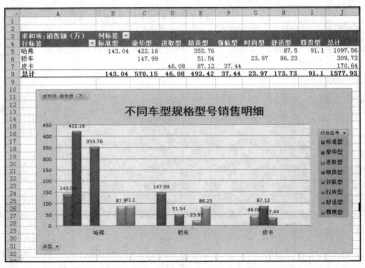

图 7-35　不同车型不同规格销售明细效果图

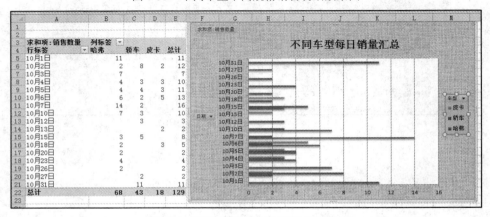

图 7-36　不同车型每日销量汇总效果图

任务要点

➢ 数据的高级筛选。

➢ 数据透视图的使用。

➢ 利用数据透视表对表格数据进行各种分析。

任务实施

1. 查看指定条件的车辆销售情况

利用高级筛选进行复杂条件查询，如：查看哈弗 H9 豪华型或 C30 精英型或售价在 10 万元以上的车辆销售情况，将筛选结果复制到以 B52 为起始的单元格区域，操作步骤如下：

步骤 1： 打开"公司销售数据管理"工作簿文件，将"销售数据统计表"复制到工作簿文件的末尾，并将复制的工作表重命名为"指定条件车型查询"。

步骤 2： 单击"指定条件车型查询"工作表标签，使其成为当前工作表。

步骤 3： 在工作表右侧空白处创建条件区域，如图 7-37 所示。

O	P	Q	R
	名称	规格型号	售价（万）
	哈弗H9	豪华型	
	C30	精英型	
			>10

图 7-37　筛选条件的设置

步骤 4： 单击数据清单任一非空单元格，再单击"数据"选项卡"排序和筛选"组的"高级"按钮，打开"高级筛选"对话框，如图 7-38 所示。

步骤 5： 设置列表区域、条件区域，将筛选结果复制到以 B52 为起始的单元格区域，参数如图 7-39 所示。

图 7-38　"高级筛选"对话框

图 7-39　设置高级筛选

步骤 6： 单击"确定"按钮，则在以 B52 为起始的单元格区域筛选出"哈弗 H9 豪华型或 C30 精英型或售价在 10 万元以上的车辆销售情况"，如图 7-33 所示。

2. 各车型销售额比较

下面利用数据透视图比较不同车型的销售额合计，操作步骤如下：

步骤 1： 单击"销售数据统计表"工作表标签，使其成为当前工作表。

步骤 2： 单击"插入"选项卡"表格"组的"数据透视表"按钮，在展开的列表中单击"数据透视图"，如图 7-40 所示。

图 7-40 插入数据透视图

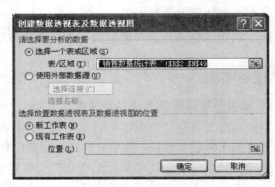

图 7-41 创建数据透视图

步骤 3： 在打开的"创建数据透视表及数据透视图"对话框中，选择"表/区域"数据及数据透视图放置位置"新工作表"，如图 7-41 所示。

步骤 4： 单击"确定"按钮，则自动生成一个新工作表，将其重命名为"各车型销售额比较"。

步骤 5： 设置"轴字段"为"车型"，"数值"为"销售额"，可看到数据透视图中统计出各车型的销售额总和，如图 7-42 所示。

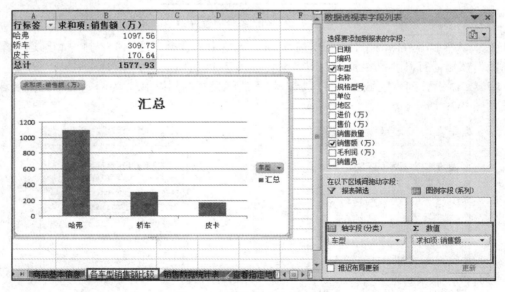

图 7-42 数据透视图布局字段

步骤 6： 在"数据透视图工具设计"选项卡更改图表类型为"分离型饼图"。

步骤 7： 设置图表样式为"样式 26"；图表标题为"各车型销售额比较"；数据标签显示为百分比，最佳匹配；图表区填充"紫色，强调文字颜色 4，淡色 40%"；图例填充"浅绿色"；将图表移动到合适位置，效果如图 7-34 所示。

3. 分析不同车型各种规格销售明细

利用数据透视表分析不同车型各种规格型号销售明细。操作步骤如下：

步骤 1： 单击"销售数据统计表"工作表标签，使其成为当前工作表。

步骤 2： 创建数据透视表到新工作表，将其重命名为"不同车型不同规格销售明细"。

步骤 3： 设置"行标签"为"车型"，"列标签"为"规格型号"，"数值"为"销售额(万)"，如图 7-43 所示。

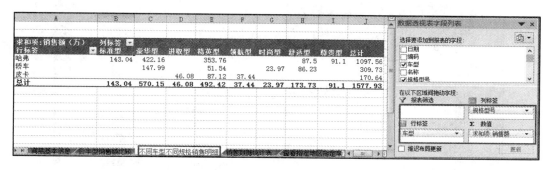

图 7-43　布局字段

步骤 4： 为数据透视表添加"簇状柱形图"，如图 7-44 所示。

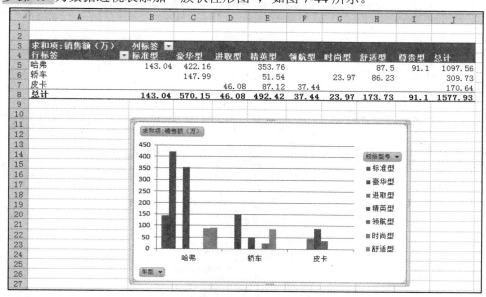

图 7-44　为数据透视表添加簇状柱形图

步骤 5： 为图表添加标题"不同车型规格型号销售明细"，字符格式为黑体、20 磅、加粗、深蓝色；显示数据标签；图表样式为"样式 26"；图表区填充"橄榄色，强调文字颜色 3，淡色 60%"；绘图区填充"羊皮纸"纹理；图例填充"水绿色，强调文字颜色 5，淡色 40%"。适当调整图表大小，移到合适位置，效果如图 7-35 所示。

4. 统计不同车型每日销量

利用数据透视表统计不同车型日销售量，操作步骤如下：

步骤 1：以"销售数据统计表"为数据源，创建数据透视表到新工作表，将新工作表重命名为"不同车型每日销量汇总"。

步骤 2：设置"行标签"为"日期"；"列标签"为"车型"，"数值"为"销售数量"，可看到数据透视表中统计出了不同车型每日销量明细，如图 7-45 所示。

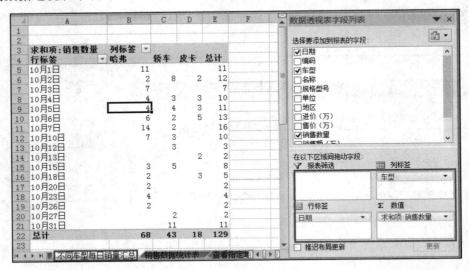

图 7-45 布局字段

步骤 3：为数据透视表添加"簇状条形图"，添加图表标题"不同车型每日销量汇总"；图表样式为"样式 18"；图例填充"橙色，强调文字颜色 6，淡色 40%"；设置图表区格式为"画布"纹理；移动图表到合适位置，如图 7-46 所示。

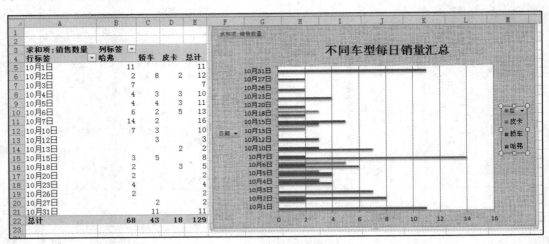

图 7-46 添加簇柱条形图并设置格式

步骤 4：若要查看某车型销量，可单击"车型"右侧的按钮，在展开的列表中选择要查看的车型复选框，如查看"哈弗"每日销量，然后单击"确定"按钮即可看到，如图 7-47 所示。

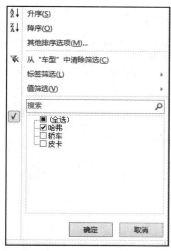

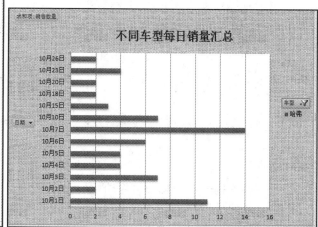

图 7-47 查看某种车型每日销量

任务 4 分析销售员业绩

任务描述

在商品的销售过程中，一般会根据业务员的销售金额获取相应的提成。汽车销售员的提成根据不同的车型、不同的品牌及创利的多少而提成不同。下面我们利用数据透视表统计各销售员的销售数量、销售额，然后根据设置的公式计算业绩和奖金。

作品展示

本任务完成分析后的销售员业绩情况如图 7-48 和图 7-49 所示。

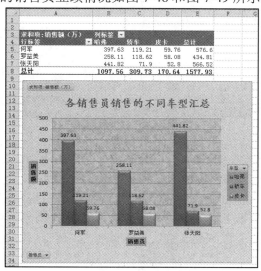

图 7-48 各销售员销售情况汇总效果图

	A	B	C	D	E
1					
2					
3	行标签 ▼	求和项:销售数量	求和项:销售额（万）	求和项:毛利润（万）	求和项:业绩奖金
4	何军	44	576.6	53.6	5.36
5	罗益美	40	434.81	46.71	4.671
6	张天阳	45	566.52	57.02	5.702
7	总计	129	1577.93	157.33	15.733
8					

图 7-49 各销售员销售业绩奖效果图

任务要点

➢ 利用数据透视表和数据透视图查看、分析数据。
➢ 计算字段的使用。

任务实施

1. 查看各销售员销售情况汇总

利用数据透视表和数据透视图查看各销售员销售的不同车型明细，操作步骤如下：

步骤 1：以"销售数据统计表"为数据源，创建数据透视表，放置到一个新工作表，并将新工作表命名为"各销售员销售情况汇总"。

步骤 2：设置"行标签"为"销售员"，"列标签"为"车型"，"数值"为"销售额(万)"，可看到数据透视表中统计出了每个销售员的不同车型的销售额汇总，如图 7-50 所示。

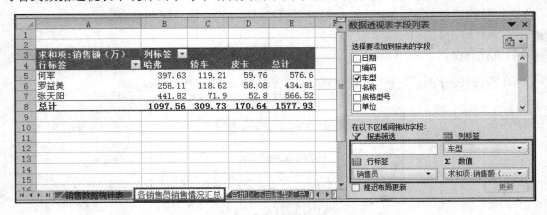

图 7-50 布局字段及汇总结果

步骤 3：为数据透视表添加"簇状柱形图"，如图 7-51 所示。

步骤 4：为图表添加标题"各销售员销售的不同车型汇总"，字符格式为华文楷体、20 磅、加粗、蓝色；图表样式为"样式 26"；添加主要横坐轴标题"销售员"，填充浅绿色；添加竖排的主要纵坐标轴标题"销售额"，填充浅绿色；图表区填充"再生纸"纹理；绘图区填充"粉色面巾纸"纹理；图例填充浅绿色；移动图表到合适位置，如图 7-48 所示。

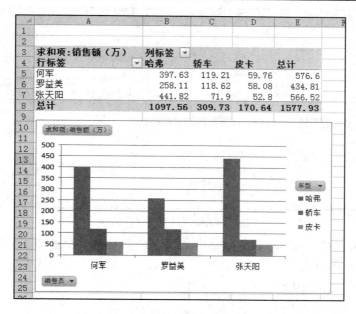

图 7-51　为数据透视表添加簇状柱形图

2. 计算各销售员的业绩奖金

销售员的销售业绩奖金一般是根据车型的热销程度、销售淡旺季来定，好卖的车奖金少，不畅销车型尤其是库存车的奖金多。市场行情、车型、品牌和经销商的实力都影响着汽车销售员的薪金。本例假设销售业绩奖金为销售毛利润的 10%。下面利用数据透视表和数据透视图来计算提成并进行比较分析，操作步骤如下：

步骤 1： 以"销售数据统计表"为数据源，创建数据透视表，放置到一个新工作表，并将新工作表重命名为"销售员业绩奖金"。

步骤 2： 设置"行标签"为"销售员"，"数值"为"销售数量"、"销售额(万)"、"毛利润(万)"，可以看到数据透视表统计了各销售员的销售数量、销售额和毛利润的合计，如图 7-52 所示。

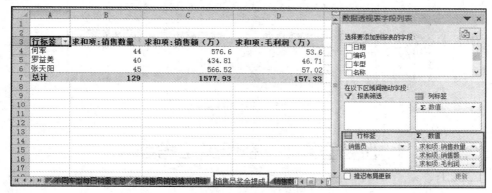

图 7-52　布局字段及数据透视表汇总结果

步骤 3： 单击"数据透视表工具选项"选项卡"计算"组的"域、项目和集"按钮，在展开的列表中单击"计算字段"项，如图 7-53 所示。

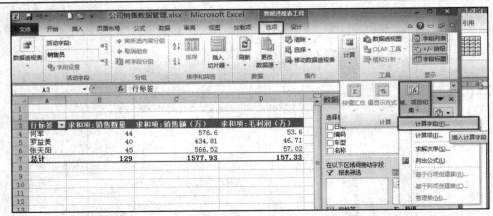

图 7-53 选择"计算字段"选项

步骤 4： 打开"插入计算字段"对话框，"名称"框中输入"业绩奖金"，删除"公式"编辑框中的"0"，再双击"字段"列表中的"毛利润"字段，在公式中引用该字段，然后输入公式的后半部分"*10%"，如图 7-54 所示。

图 7-54 设置计算字段公式

步骤 5： 单击"确定"按钮，可看到数据透视表中添加了"业绩奖金"字段，并计算出了各销售员的销售业绩奖金，如图 7-55 所示。

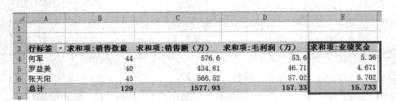

图 7-55 统计提成奖金

拓展任务 1 制作员工考勤表

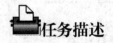
任务描述

考勤制度是每个企业都有的一项基本制度，企业员工考勤，是考察员工的工作出勤时间，包括是否按时上班，是否请假，是否旷工，通过考勤，来制定薪酬计划。每个月底都需要对员工的考勤进行统计，这就需要用到考勤表。一个设计合理的考勤表不仅能够直观地显示每个员工的出勤状况，还能够减少统计人员的工作量。

下面我们利用 Excel 2010 制作"员工考勤表"。

**作品展示**

员工考勤表

员工考勤表效果图如图 7-56 所示。

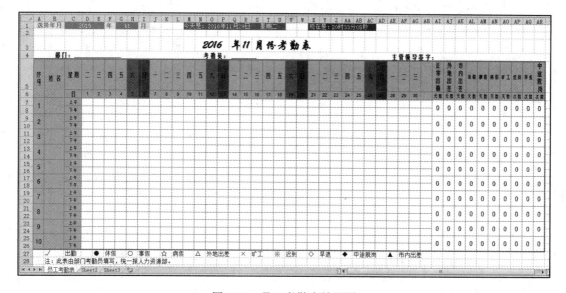

图 7-56　员工考勤表效果图

任务要点

➢　制作工作表和格式化工作表。

➢　利用函数填充数据。

➢　数据有效性的使用。

➢　公式与函数的使用(日期函数、IF 函数和 COUNTIF 函数的使用)。

➢　设置条件格式。

任务实施

1. 制作"员工考勤表"结构

启动 Excel 2010 应用程序，新建工作簿"员工考勤表"，将 Sheet1 工作表重命名为"员工考勤表"，并对其进行如下操作：

从第 4 行开始，按如图 7-57 所示制作表结构。

• 合并 A4:AR4 单元格，并输入："部门：_____，考勤员：_____，主管领导签字：_____"，方正姚体，12 号字，加粗。

- 按如图 7-57 所示合并相关单元格,输入工作表数据。
- 设置表格中的字体为"方正姚体,12 号字,加粗"。其中:"上午、下午"设置为 8 号字。
- 为表格添加浅蓝色边框(外边框为第三个实线,内边框为第一个实线)。
- A,B,C 列设置"自动调整列宽",其他各列设置列宽为 3。行设置为"自动调整行高"。
- 单元格的对齐方式为:"水平居中,垂直居中"。
- 为表格填充"白色,背景 1,深色 25%"底纹。

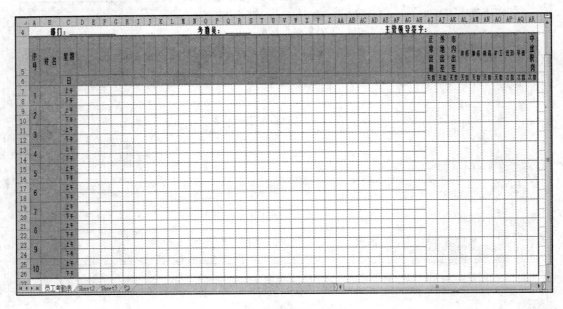

图 7-57   员工考勤表结构图

2. 制作"员工考勤表"表头

- 合并 A1:B1 单元格,输入"选择年月"文本,合并 C1:E1 单元格,在 F1 单元格输入"年",合并 G1:F1 单元格,在 I1 单元格输入"月"。
- 为 C1,G1 单元格设置数据有效性(年可以任意设置,月份共 12 个月),如图 7-58 所示。
- 设置宋体,11 号字,浅蓝色字体和白色字体(2016,11),并填充天蓝色和青色底纹。

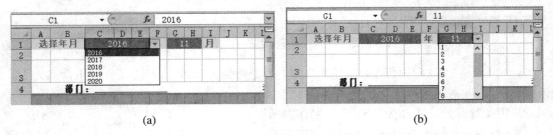

(a)   (b)

图 7-58   设置数据有效性

• 合并 M1:N1 单元格，输入"今天是："文本，合并 O1:R1 单元格，合并 S1:U1 单元格，合并 X1:Y1 单元格，输入"现在是："文本，合并 Z1:AC1 单元格。

• 分别在 O1、S1 和 Z1 单元格输入公式"=now( )"，如图 7-59(a)所示。

 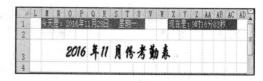

(a)　　　　　　　　　　　　　　　　　(b)

图 7-59　设置日期、星期和时间

※重点提示

Now( )函数

Now 函数是用来获取当前系统日期和时间的一个函数，这个函数没有参数。

该函数返回电脑设置的当前日期和时间，只有当你电脑设置的日期和时间均正确，Now 函数才返回当前的日期和时间。

• 设置 O1 单元格格式为日期型，S1 单元格格式为自定义："aaaa"，Z1 单元格格式为时间型，参照图 7-59(b)所示。

• 为单元格添加底纹，M1:U1 为绿色，X1:AC1 为紫色。

• 设置宋体，11 号字，白色字体。

• 在 Q3 单元格输入"年"，合并 S3:Y3 单元格，并输入"月份考勤表"。

• 合并 N3:P3 单元格，并输入公式"=C1"，在 R3 单元格输入"=G1"。这样标题的年月就会随着"选择年月"而发生变化。

• 设置标题为华文行楷，22 号字，加粗。

3. 填充数据

(1) 利用函数填充日期和星期。

• 设置 D6:AH6 单元格数字格式为：自定义"d"。

• 在 D6 单元格输入如图 7-60 所示公式，填充第一个日期，然后向右拖动填充柄到 AH6 单元格，进行公式复制。

图 7-60　填充日期公式

• 在 D5 单元格输入如图 7-61 所示公式，填充第一个星期，然后向右拖动填充柄到 AH5 单元格，复制公式。

| D5 | ▼ | f_x | =TEXT(D6,"aaa") |

图 7-61　将日期转换为星期

※重点提示

> TEXT( )函数
> TEXT 函数可将数值转换为文本，并可使用户通过使用特殊格式字符串来指定显示格式。
> 语法：TEXT(Value,Format_text)。
> Value：为数值、计算结果为数字值的公式，或对包含数字值的单元格的引用。
> Format_text：是作为用引号括起的文本字符串的数字格式。

(2) 填充考勤。

· 考勤符号：先设定一些考勤符号(特殊符号)，这些符号并非统一规定，可根据习惯及喜好来自己设定，也可以用汉字代表，总之自己看着习惯就行。

√ 出勤，● 休假，○ 事假，☆ 病假，△ 外地出差，× 旷工，※ 迟到，
◇ 早退，◆ 中途脱岗，▲ 市内出差。

· 在空白处，插入以上这些符号，选中 D7:AH26 区域，设置数据有效性，如图 7-62(a)、(b)、(c)所示，效果如图 7-62(d)所示。

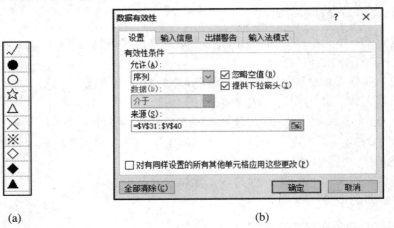

(a)　　　　　　　　　　　　　　　　(b)

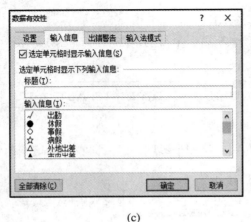
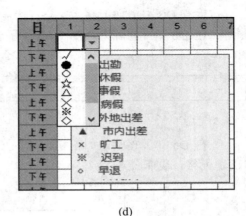

(c)　　　　　　　　　　　　　　　　(d)

图 7-62　考勤录入数据有效性设置

4. 统计数据

利用 COUNTIF 函数自动统计每个人的出勤情况。

· 这个区域要设置多个合并单元格，先将 AI7:AI8 合并，然后向右、向下拖动填充柄，就能快速地把其他单元格也合并完成。

· 利用 COUNTIF 函数统计各种出勤情况，在 AI7 单元格输入公式如图 7-63 所示，填充"正常出勤"天数。向下拖动填充柄复制公式，其他人员的"正常出勤"就填充上了。

| AI7 | f_x | =(COUNTIF(D7:AH7,"√")+COUNTIF(D8:AH8,"√"))*0.5 |

图 7-63　考勤统计公式

· 用同样的方法填充"外地出差"，"市内出差"，"休假"，"事假"等其他考勤情况。

5. 使用条件格式突出显示数据

用设置条件格式方法设置 D5:AH6 区域，星期六为绿色，星期日为红色，能更直观地显示每周情况。

选中 D5:AH6 区域，在"开始"选项卡"样式"组单击"条件格式"按钮，选择"新建规则"项，在打开的对话框中选择："使用公式确定要设置格式的单元格"项。在"为符合此公式的值设置格式"中输入公式为"=TEXT(D5,＂aaa＂)=＂六＂"，然后单击"格式(F)…"，设置格式为填充绿色。同样的方法设置周日，如图 7-64 所示。

图 7-64　使用公式设置条件格式

员工考勤表(万年自动型)制作完成，你可以输入人员考勤情况进行考勤，欢迎大家使用。

拓展任务 2　制作"大学生个人记账簿"

任务描述

当代大学生已经成为一个重要的社会群体，他们的日常消费行为正日渐引起更多人的关注，如何帮助大学生树立正确的人生观、价值观和合理的、科学的、理性的消费理念，已成为一个重要的时代课题。

请同学们利用 Excel 2010，创建一个《大学生个人记账簿》，对近一两个月的消费情况进行记录、分析，通过记账分析可以清楚地看到自己日常消费存在的问题，今后应该如何正确消费。

大学生预算模板

作品展示

大学生预算模板如图 7-65 所示。

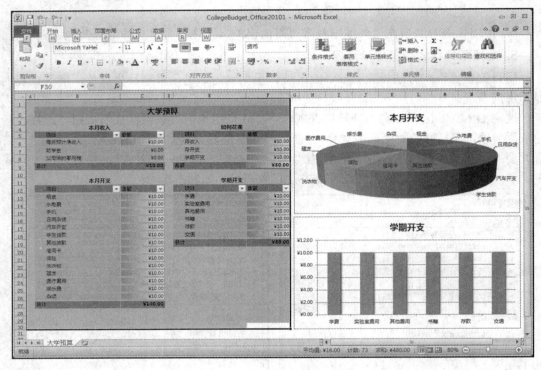

图 7-65　大学生预算模板

任务要点

➢ 表格的制作，数据输入与填充。

➢ 编辑与格式化工作表。

➢ 公式计算和函数的使用。

➢ 数据分类汇总以及数据透视表的创建。

➢ 图表的建立及编辑美化。

任务实施

启动 Excel 2010，单击"文件"菜单，在打开的界面中选择"新建"选项，在 office.com

模板中打开"其他类别"—"个人"文件夹,在这个文件夹中有"月度个人预算","家庭预算(每月)","大学生预算"等,如图 7-65 所示,是"大学生预算"模板。参考这些模板,利用网络,查找相关资料,结合自己的消费情况,创建适合自己的记账簿。

打开 Excel 2010 应用程序,新建一个工作簿,保存工作簿,名为"大学生个人记账簿",并对其进行如下操作:

1. 制作工作表

至少建立三个工作表(收入表、预算表、日常消费明细表、结余表等)。

- 学生需要提前一个月或更长时间对自己的日常消费情况进行记录。
- 利用网络查找相关的表格,根据自己实际消费情况制作工作表。
- 表的结构合理,并且美化表格。
- 利用公式或函数对表中数据进行计算。
- 各表之间必须相链接(使用 VLOOKUP 函数,或"=")。当每月的消费情况发生变化时,其他表的数据会自动发生变化。
- 制作包括收入、支出、结余的"汇总表"。

2. 统计与分析数据

- 利用分类汇总对"日常费用明细表"中各种消费情况进行汇总。
- 利用"数据透视表"查看(按月或周)消费情况。
- 根据"日常消费明细表"的消费情况,利用图表工作表对各类消费情况进行比较分析(注:使用柱形图、饼形图)。
- 利用图表比较预算与实际消费情况。
- 根据"汇总表"结果,比较收入、支出和结余情况。
- 编辑图表工作表。

拓展任务 3　构造学生成绩查询系统

任务描述

教务处老师根据学生成绩表想对班级各门考试成绩进行分析,首先是班级的各科成绩,其次就是各科成绩平均分、各班英语优秀人数,并且能实现成绩查询功能,成绩查询表效果如图 7-67 所示。

作品展示

各科成绩表如图 7-66 所示。

学生成绩查询系统

学号	班级	姓名	大学英语	高等数学	计算机应用	现代文学	英语优秀
08001115	4班	刘丽珍	缺考	84	84	55	
08001077	3班	张晓丹	51	54	54	83	
08001059	2班	黄志辉	43	67	67	缺考	
08001142	5班	江林琳	67	缺考	缺考	缺考	
08001040	2班	张皓月	85	67	67	57	
08001109	4班	董莉	43	94	94	63	
08001019	1班	孟婷	缺考	69	69	55	
08001012	1班	许红玲	缺考	缺考	缺考	56	
08001024	1班	张玲娣	66	缺考	缺考	95	
08001057	2班	董生蕾	缺考	缺考	缺考	缺考	
08001125	4班	黄南凤	缺考	95	95	74	
08001126	4班	廖洁展	缺考	84	84	83	
08001048	2班	张慧辉	缺考	67	67	63	
08001120	4班	刘珍明	缺考	79	79	缺考	
08001021	1班	肖慧旋	92	63	63	74	1
08001153	5班	李杰威	82	75	75	缺考	
08001145	5班	蔡敏婷	99	67	67	缺考	1
08001056	2班	林施红	98	87	87	缺考	1
08001013	1班	李雄丹	43	缺考	缺考	缺考	
08001086	3班	许霞彬	84	缺考	缺考	44	
08001104	4班	孟欢智	68	缺考	缺考	84	
08001084	3班	卢丽茹	62	缺考	缺考	85	
08001017	1班	彭霞慧	76	86	86	55	
08001089	3班	冯骥桦	66	69	69	缺考	
08001004	1班	刘林力	74	缺考	缺考	86	
08001155	5班	李飞滢	73	66	66	44	
08001124	4班	谭嫔倩	缺考	43	43	78	
08001058	2班	尹俊珍	64	62	62	缺考	
08001011	1班	曹珊珍	65	54	54	87	
08001034	2班	纪玲静	92	88	88	缺考	1

图 7-66　各科成绩表(部分)

成绩查询系统

请选择学号	08001109
请选择课程	大学英语
成绩	43

英语优秀人数统计

班级	人数
1班	4
2班	6
3班	4
4班	3
5班	5

图 7-67　成绩查询表效果图

任务要点

➢ 数据透视表。

➢ 分类汇总。

➢ IF、VLOOKUP、SUMIF 函数的使用。

任务实施

1. 从"学生成绩表"得到"各科成绩表"

· 打开素材"学生成绩(素材)"工作簿。

· 将"学生成绩表"生成数据透视表，并将数据透视表命名为"成绩表"。要求把学号放到行上，课程放到列上，分数放到数据区，如图 7-68 所示。

求和项:分数	课程				
学号	大学英语	高等数学	计算机应用	现代文学	总计
08001001	66	81	79		226
08001002	44	50		56	150
08001003	99	67	74		240
08001004	74	68		86	228
08001005	88	69	75	90	322
08001006				93	93
08001007	93			84	177
08001008	42		65		107
08001009	43			48	91
08001010		72	88	96	256
08001011	65	94	54	87	300

图 7-68   成绩表数据透视表

· 根据"成绩表"的数据填写各科成绩表的各科分数。要求用 VLOOKUP 函数完成，如图 7-69 所示。

	A	B	C	D	E	F	G	H
1	学号	班级	姓名	大学英语	高等数学	计算机应用	现代文学	英语优秀
2	08001115	4班	刘丽珍	0	0	84	55	
3	08001077	3班	张晓丹	51	42	54	83	
4	08001059	2班	黄志辉	43	94	67	0	
5	08001142	5班	江林琳	67	90	0	0	
6	08001040	2班	张洁月	85	63	67	57	
7	08001109	4班	董 莉	43	54	94	63	
8	08001019	1班	孟 婷	0	68	69	55	
9	08001012	1班	许红玲	0	80	0	56	
10	08001024	1班	张玲娣	66	55	0	95	
11	08001057	2班	董生蕾	0	63	0	0	
12	08001125	4班	黄南凤	0	0	95	74	
13	08001126	4班	廖浩展	0	0	84	83	
14	08001048	2班	张慧辉	0	0	67	63	
15	08001120	4班	刘珍明	0	48	79	0	

图 7-69   各科成绩表(部分)

2. 从"各科成绩表"统计班级各科成绩平均分

· 将成绩为 0 的改为"缺考"。要求用 IF 函数和 VLOOKUP 函数嵌套完成。

· 将"各科成绩表"建立副本"各科成绩表(2)"，并重命名为"分类汇总"。在表中用分类汇总统计每个班的各科成绩平均分。要求按照班级进行分类，汇总方式为平均值，汇总项为各科分数，如图 7-70 所示。

		A	B	C	D	E	F	G	H
	1	学号	班级	姓名	大学英语	高等数学	计算机应用	现代文学	英语优秀
34			1班 平均值		66	70	70	74	
67			2班 平均值		76	73	73	68	
101			3班 平均值		69	70	70	69	
132			4班 平均值		68	78	78	73	
163			5班 平均值		75	69	69	70	
164			总计平均值		71	72	72	71	

图 7-70   分类汇总结果

3. 用图表表示出每个班英语和计算机应用的平均分

· 利用"分类汇总"工作表计算机应用和英语 2 列的数据制作各班平均分统计图。要求数据产生在列，图表标题为"1-5 班计算机应用和英语平均分统计图"，效果仿照图 7-71 制作。

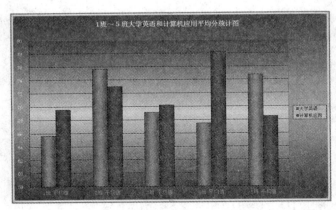

图 7-71　图表效果图

4. 统计各班大学英语成绩优秀的人数

· 在"各科成绩表"中用 IF 函数把大学英语成绩大于 90 的在"英语优秀"列填写"优秀"，其余为空白(注意"缺考"时也要是空白)。考虑用函数嵌套完成效果如图 7-72 所示。

学号	班级	姓名	大学英语	高等数学	计算机应用	现代文学	英语优秀
08001115	4班	刘丽珍	缺考	84	84	55	
08001077	3班	张晓丹	51	54	54	83	
08001059	2班	黄志辉	43	67	67	缺考	
08001142	5班	江林琳	67	缺考	缺考	缺考	
08001040	2班	张皓月	85	67	67	57	
08001109	4班	董莉	43	94	94	63	
08001019	1班	孟婷	缺考	69	69	55	
08001012	1班	许红玲	缺考	缺考	缺考	56	
08001024	1班	张玲娣	66	缺考	缺考	95	
08001057	2班	董生蕾	缺考	缺考	缺考	缺考	
08001125	4班	黄南凤	缺考	95	95	74	
08001126	4班	廖洁展	缺考	84	84	83	
08001048	2班	张慧辉	缺考	67	67	63	
08001120	4班	刘珍明	缺考	79	79	缺考	
08001021	1班	肖慧旋	92	63	63	74	优秀
08001153	5班	李杰威	82	75	75	缺考	
08001145	5班	蔡敏婷	99	67	67	缺考	优秀
08001056	2班	林施红	98	87	87	缺考	优秀
08001013	1班	李雄丹	43	缺考	缺考	缺考	
08001086	3班	许霞彬	84	缺考	缺考	44	
08001104	4班	孟欢智	68	缺考	缺考	84	
08001084	3班	卢丽茹	62	缺考	缺考	85	
08001017	1班	彭霞慧	76	86	86	55	
08001089	3班	冯骥桦	66	69	69	缺考	
08001004	1班	刘林力	74	缺考	缺考	86	
08001155	5班	李飞滢	73	66	66	44	
08001124	4班	谭婕倩	缺考	43	43	78	
08001058	2班	尹俊珍	64	62	62	缺考	
08001011	1班	曹珊珍	65	54	54	87	
08001034	2班	纪玲静	92	88	88	缺考	优秀

图 7-72　各科成绩表(部分)

- 在"成绩查询表"中用 SUMIF 函数计算每班英语优秀的个数。

提示方法：在"各科成绩表"中，用 IF 函数把大学英语成绩大于等于 90 的记录"英语优秀"列改写为 1，其他情况为空白，如图 7-66 所示；再利用 SUMIF 函数计算出各班大学英语成绩优秀的人数如图 7-67 所示。

※重点提示

> SUMIF 函数不能对文本进行求和。

5. 实现成绩查询功能

- 在"成绩查询表"中选择学号和课程，能查询到相应的分数。要求"请选择学号"和"请选择课程"处用数据有效性完成；"成绩"用 IF 函数和 VLOOKUP 函数嵌套完成，如图 7-67 所示。

拓展任务 4 制作报名统计表

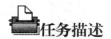

任务描述

负责学院 OFFICE 等级考试工作的小张要根据报名表给已经交费的考生打印报名费收据和准考证。她需要输入学号就可以在表中自动提取考生的交费信息和报名信息，还要统计各科报名人数和交费情况，如图 7-73 和图 7-74 所示。

OFFICE 等级考试报名表

作品展示

OFFICE等级考试准考证、收据打印

请选择学号 05302326

OFFICE等级报名费收据

学号	05302326	姓名	冯永文
报考科目	三科(Word,Excel,PowerPoint)	报名费	未交费
班级	酒管1班	报名日期	2016/12/17
		收款单位	计算中心

OFFICE等级考试准考证

姓名	冯永文	
身份证号	430807198405160418	
考试科目	三科(Word,Excel,PowerPoint)	
考试日期	2006/3/17	
考试时间	120分钟	
考试地点	信息楼3楼	
备注	准考证必须与身份证同时使用有效！	

图 7-73 报名费收据和准考证效果图

报考科目	报考人数	已收报名费	已交费人数
单科Word 2010	24	0	19
单科Excel 2010	22	0	20
三科(Word,Excel,PowerPoint)	141	23800	119
总计	187	23800	158

图 7-74　统计报名人数效果图

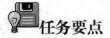**任务要点**

➢ 　数据透视表。

➢ 　分类汇总。

➢ 　图表的创建，设置。

**任务实施**

1. 利用"数据有效性"设置"学号"

- 打开素材"OFFICE 等级考试报名(素材)"工作簿。

- 将"报名表"中 A2:A188 区域重新命名为"学号"。

- 将"准考证、收据打印"表中 B3 单元格设置学号的数
据有效性如图 7-75 所示。

图 7-75　显示是否交费

2. 填写"报名表"中各考生的"报名费"

根据"考试科目"中的报名费，填写出"报名表"中各考
生的"报名费"，对是否交费为否的填写未交费，如图 7-76 所示。要求用 IF 函数和 VLOOKUP
函数嵌套完成。

学号	姓名	身份证号	班级	报考科目	是否交费	报名费
05302101	朱岳峰	430801198311086976	出版1班	三科(Word,Excel,PowerPoint)	是	200
05302102	黄贵龙	430807198304231918	出版1班	三科(Word,Excel,PowerPoint)	是	200
05302103	何伟娟	430806198310062827	出版1班	三科(Word,Excel,PowerPoint)	是	200
05302104	邱玉贤	430807198403180016	出版1班	单科Word 2003	否	未交费
05302105	张景君	430801198308011324	出版1班	三科(Word,Excel,PowerPoint)	是	200
05302106	王莹	430806198311114529	出版1班	三科(Word,Excel,PowerPoint)	是	200
05302107	罗经纬	421602198301230436	出版1班	三科(Word,Excel,PowerPoint)	否	未交费

图 7-76　显示是否交费(部分)

3. 在"准考证、收费打印表"中实现如下功能

- 实现选择学生学号，可将学号显示在报名费收据学号右侧。

- 根据"报名表"和"考试科目"，在选择学号后，自动填写报名费收据和准考证各
项信息，如图 7-73 所示。要求用 VLOOKUP 函数完成。

- 对于报名费一栏未交费的，用黄色底纹红色字体显示。要求用条件格式设置。

4. 统计各科目已收报名费

- 复制"报名表"生成副本"报名表(2)"，利用分类汇总汇总出每科的已收报名费，
如图 7-77 所示。

报考科目	是否交费	报名费
单科Excel 2010 汇总		1520
单科Word 2010 汇总		1600
三科(Word,Excel,PowerPoint) 汇总		23800
总计		26920

图 7-77　各科目已收报名费

5. 计算"报名统计"表中已交费总人数

* 用"报名表"建立数据透视表，将"报名科目"放在行上，"是否交费"放在列上。
* "报名费"放在数据区中，汇总方式选择"计数"。
* 数据透视表标签重命名为"报名人数统计"。
* 将数据透视表中各科已交费人数引用到"报名统计"表中的"已交费人数"列，并计算已交费总人数，如图 7-78 所示。

报考科目	报考人数	已收报名费	已交费人数
单科Word 2010	24	0	19
单科Excel 2010	22	0	20
三科(Word,Excel,PowerPoint)	141	23800	119
总计	187	23800	158

图 7-78　已交费人数

6. 完成"报名统计"工作表

* 利用"报名表"用 COUNTIF 函数统计出"报名统计"表中各科目的报名人数。
* 通过直接引用"报名表(2)"相关数据到"报名统计"表"已收报名费"列中。
* 通过直接引用"报名人数统计"相关数据到"报名统计"表"已交费人数"列中，如图 7-74 所示。

7. 制作"报名人数统计图"

利用"报名人数统计"工作表，生成"报名人数统计图"。要求图表标题为报名人数统计图，分类 X 轴为报考科目，分类 Y 轴为报名人数，并设置图表样式，如图 7-79 所示。

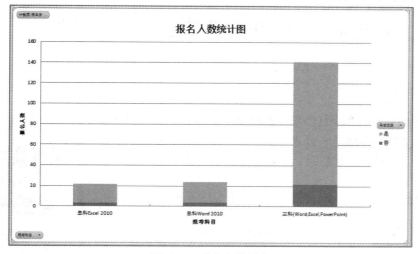

图 7-79　报名人数图表

单元 8　公司宣传片制作

PowerPoint 2010 中文版是美国 Microsoft 公司开发的一款著名的多媒体演示文稿设计与播放软件，是 Office 2010 最重要的组件之一。它允许用户以可视化的操作，将文本、图像、动画、音频和视频集成到一个可重复编辑和播放的文档中，通过各种数码播放软件展示出来。

情景导入

为某汽车股份有限公司制作公司产品宣传片，要求幻灯片中加入图形、文字、视频、动画等元素，使宣传片具有生动的动画、声音效果，并通过创建交互式演示文稿，达到幻灯片放映时的跳转效果，起到图文并茂、提升品牌形象的作用。

学习要点

➢ 在幻灯片中添加文字、图像、声音、视频等并进行格式化。
➢ 设置对象的动画效果。
➢ 设置幻灯片的切换动画。
➢ 设置幻灯片放映方式。

任务 1　制作公司宣传片演示文稿

任务描述

制作公司宣传片的目的是要让客户第一眼看到时，就被深深的带到企业当中，也就是说企业宣传片的片头起到十分重要的作用。所以，企业宣传片的片头一定要有创意、有新意、有特点。

作品展示

本任务制作的公司宣传片演示文稿效果如图 8-1 所示。

公司宣传片

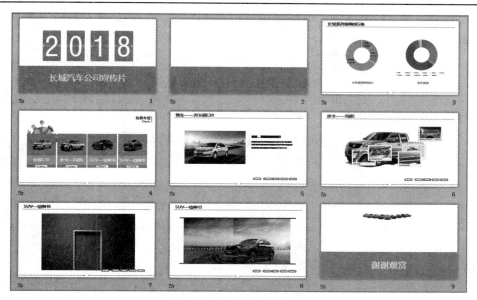

图 8-1　公司宣传片效果图

任务要点

➢ 利用母版创建幻灯片。
➢ 在幻灯片中添加文字、图像、声音、视频等并进行格式化。
➢ 设置幻灯片对象的动画效果、效果选项和计时选项。
➢ 动画的进入、强调、退出、动作路径的不同效果。

任务实施

1. 制作宣传片首页

制作的宣传片首页效果如图 8-2 所示，操作步骤如下：

图 8-2　公司宣传片首页

步骤 1：启动 PowerPoint 2010 并打开本书配套素材文件夹中的"公司宣传模板"文件，将其另存为"公司宣传样例"。

步骤 2：单击"单击此处添加第一张幻灯片"示意文本，添加第一张幻灯片，并应用幻灯片中设置好的母版，版式为"1_自定义版式"，如图 8-3 所示。

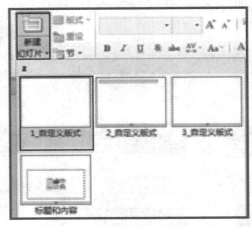

图 8-3　首页幻灯片应用版式

步骤 3：绘制圆角矩形，其参数设置为高度为 7.88 厘米、宽度为 4.54 厘米，无轮廓，填充色为水绿色(R=66，G=186，B=200)。拖动黄色菱形控制柄调整矩形圆角形状，如图 8-4 所示。

步骤 4：绘制线条，参数设置为宽度为 4.54 厘米，线条粗细为 1.5 磅，颜色为(R=177，G=228，B=233)，并将其移到合适位置。如图 8-5 所示。

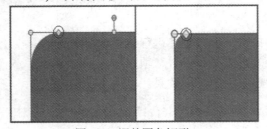

图 8-4　调整圆角矩形

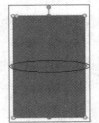

图 8-5　线条位置

步骤 5：绘制矩形，参数设置为高度为 0.49 厘米、宽度为 0.21 厘米，无轮廓，填充色与线条色相同(R=177，G=228，B=233)；然后复制一个相同的矩形，将其移动到合适位置，如图 8-6(a)所示。

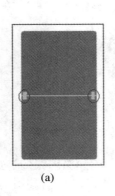

(a)

(b)

图 8-6　图形形状

步骤 6：利用"对齐"功能将以上绘制的圆角矩形、线条、矩形放到一起，并将图形组合，如图 8-6 (b)所示。

步骤 7：复制出其他三个同样的组合图形，设置四个组合图形位置，分别为距幻灯片左上角水平 5.75 厘米、垂直 2.14 厘米；水平 11.69 厘米、垂直 2.14 厘米；水平 17.63 厘米、垂直 2.14 厘米；水平 23.58 厘米、垂直 2.14 厘米，如图 8-7 所示。

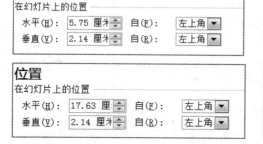
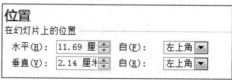

图 8-7　图形位置

步骤 8：在第一个图形上插入横向文本框，输入数字 2，字符格式为白色、方正姚体、199 磅，如图 8-8(a)所示。将组合图形与数字文本框组合，并利用"选择窗格"给组合后的图形重命名为"组合数字 2"，如图 8-8(b)所示。并依次在第二、三、四图形上插入横向文本框，输入数字 0、1、8，组合图形并重命名。

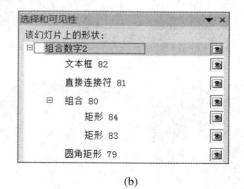

(a)　　　　　　　　　　　　　　　　(b)

图 8-8　文字设置

※重点提示

① 通过键盘上的↑↓←→四个方向键，可对图形位置进行微调。

② 快速复制图形的方法：可按住 Ctrl 键并拖动图形进行快速复制。

③ 图形重命名：在"选择窗格"，单击选中要改名的图形，再次单击进入图形名称编辑状态，输入新名即可。图形重命名是为了后面设置动画时方便，一目了然。

步骤 9：绘制底部矩形，参数设置为高度为 6.86 厘米、宽度为 33.87 厘米，无轮廓，填充色为水绿色(R=66，G=186，B=200)，位置距幻灯片左上角水平 0 厘米、垂直 12.19 厘米。

步骤 10：利用文本框输入文字"长城汽车公司宣传片"，字符格式为微软雅黑、60 磅、颜色为(R=229，G=245，B=247)，加粗、有阴影，将文字放到合适位置。

步骤 11：设置动画效果为四个矩形依次出现。参数设置如图 8-9 所示。其中，

第一个矩形组合图形，添加"进入—淡出"动画效果，在"计时"组设置，与上一动画同时、持续时间为 00.50、延迟为 00.00；

第二个矩形组合图形，添加"进入—淡出"动画效果，在"计时"组设置，与上一动画同时、持续时间为 00.50、延迟为 00.25；

第三个矩形组合图形，添加"进入—淡出"动画效果，在"计时"组设置，与上一动画同时、持续时间为 00.50、延迟为 00.50；

第四个矩形组合图形，添加"进入—淡出"动画效果，在"计时"组设置，与上一动画同时、持续时间为 00.50、延迟为 00.75。

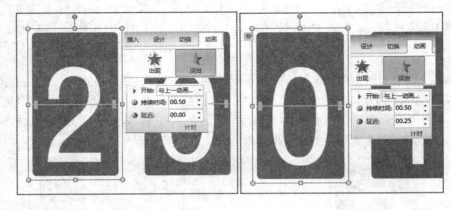

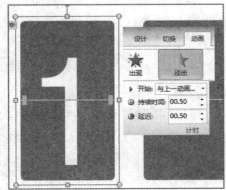
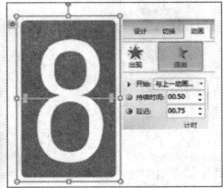

图 8-9　文字设置

底部矩形，添加"进入—擦除"动画效果，在"计时"组设置，上一动画之后、持续时间为 00.50、延迟为 00.00，效果选项为自底部；

文字"长城汽车公司宣传片"，添加"进入—擦除"动画效果，在"计时"组设置，上一动画之后、持续时间为 02.00、延迟为 00.00，效果选项为自左侧。

※重点提示

① 设置动画开始播放选项："单击时"是指单击鼠标可进行动画播放；"与上一动画同时"是指与上一个动画同时播放；"上一动画之后"指在上一动画结束之后播放。

② 动画窗格按钮：单击该按钮，可打开"动画窗格"并显示自定义动画列表。

③ 自定义幻灯片动画技巧——动画刷 ⚡动画刷：是一个能将选中对象的动画复制并应用到其他对象的动画工具。它位于"动画"选项卡"高级动画"功能组中，使用方法为单击已设置动画的对象，双击或单击"动画刷"按钮，当鼠标变成刷子形状时单击需要设置相同自定义动画的对象即可（双击可进行多次动画复制，单击只进行一次动画复制）。

2. 制作第二张幻灯片

制作的第二张幻灯片效果如图 8-10 所示。

图 8-10　第二张幻灯片

步骤 1：在左侧幻灯片窗格中，复制第一张幻灯片，并将复制后的幻灯片中多余的部分删除，如图 8-11 所示。

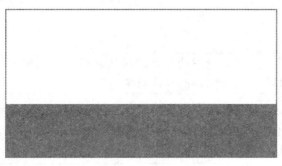

图 8-11　复制幻灯片

步骤 2：选择底部矩形，并将矩形的动画更改为延迟 00.00。

步骤 3：绘制一条有阴影的灰色线条，宽度为 40.11 厘米，粗细 1.5 磅，轮廓为"灰色-50%，强调文字颜色 3"，形状效果为"阴影—外部"（第 1 个）。制作线条的动画，选中线条，添加"进入—擦除"动画，效果选项为"自右侧"，计时设置为上一动画之后，持续时间为 00.50，延迟为 00.00。

步骤 4：插入图片素材，车身.png、车轮前.png、车轮后.png，将素材放到一起，组成一辆车，效果如图 8-12 所示。

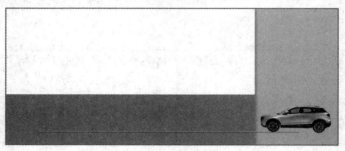

图 8-12　汽车效果

步骤 5：制作车轮的转动动画，选中一个车轮，添加"强调—陀螺旋"动画效果，在"计时"组设置，与上一动画同时、持续时间为 03.00、延迟为 00.00；效果选项为逆时针、完全旋转，如图 8-13 所示。为另一个车轮设置同样的动画效果。

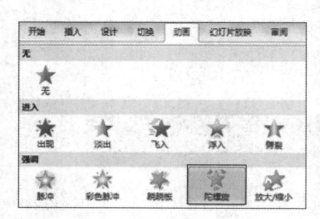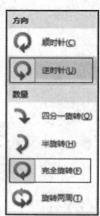

图 8-13　车轮动画效果

※重点提示

> 设置车轮动画时，可同时选中两个车轮设置动画；或先设置一个车轮的动画，然后利用动画刷设置第二个车轮为同样的动画效果。

步骤 6：制作车身动画：选中车身图片，添加"动作路径—直线"动画，效果选项为"靠左"，单击红色控制柄，延长动画路径，效果如图 8-14 所示；设置计时参数：与上一动画同时、持续时间为 03.00、延迟为 00.00。

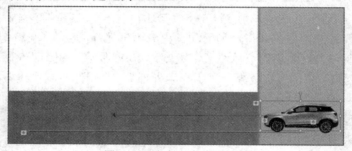

图 8-14　汽车车身动画效果

步骤 7：同样的方法设置车轮的前进动画。单击"高级动画"组的"添加动画"按钮，为车轮添加"动作路径—直线"动画，设置方法同上，效果如图 8-15 所示。

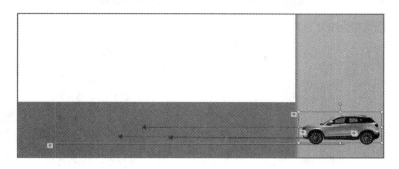

图 8-15　汽车滚动动画

※重点提示

① 同一对象可以设置多种动画效果，添加两个及两个以上的动画时，必须单击"高级动画"组中的"添加动画"按钮，然后在展开的列表中选择动画效果。

② 在添加直线动画后，单击路径控制柄，可结合键盘方向键精确调整动画效果。

③ 同一张幻灯片多个对象设置动画时，为了方便修改和设置，可先将对象重命名，重命名方法参考前面内容。

步骤 8：插入四个文本框，分别输入文字"汽车展览"(字符格式为黑体、90 磅，颜色为(R=51，G=163，B=175))，并设置四个字依次出现的动画，效果如图 8-16 所示。

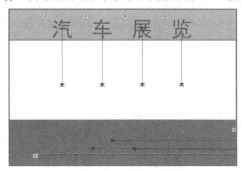

图 8-16　文字下落动画设置

单击文字"汽"，添加"动作路径—直线"动画，计时选项参数为：上一动画之后、持续时间为 02.00、延迟为 00.00；

单击文字"车"，添加"动作路径—直线"动画，计时选项参数为：与上一动画同时，持续时间为 02.00、延迟为 00.25；

单击文字"展"，添加"动作路径—直线"动画，计时选项参数为：与上一动画同时，持续时间为 02.00、延迟为 00.50；

单击文字"览"，添加"动作路径—直线"动画，计时选项参数为：与上一动画同时，持续时间为 02.00、延迟为 00.75。

3. 制作第三张幻灯片

制作的第三张幻灯片的效果如图 8-17 所示。

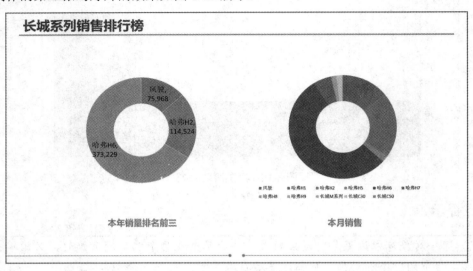

图 8-17 第三张幻灯片

步骤 1： 新建第三张幻灯片，版式为"2_自定义版式"。

步骤 2： 打开素材文件"素材与实例"→"项目 8"→"任务 1、2、3 公司宣传片"→"素材"→"长城销售.xlsx"工作簿，复制"Sheet1"中的 2 张图表到第三张幻灯片中。

步骤 3： 选中图表，单击"图表工具设计"选项卡，在"图表布局"组设置图表分别为布局 4 和布局 3，图表样式分别为样式 10 和样式 2。

步骤 4： 设置 2 个图表的动画效果为"进入—轮子"动画，参数设置如图 8-18 所示。

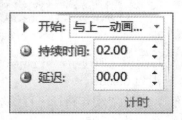

图 8-18 效果选项、计时选项

步骤 5： 根据效果图补充幻灯片其他部分。

4. 制作第四张幻灯片

制作的第四张幻灯片效果如图 8-19 所示。

图 8-19　第四张幻灯片

步骤 1：新建第四张幻灯片，版式为"3_自定义版式"。

步骤 2：绘制矩形 1，高度为 8.79 厘米、宽度为 7.28 厘米，填充颜色为水绿色(R=66，G=186，B=200)；绘制矩形 2，高度为 2.43 厘米、宽度为 7.28 厘米，填充颜色为(R=122，G=207，B=216)。

利用文本框输入文本"长城 C30"，字符格式为微软雅黑、28 磅、加粗，字体颜色为(R=222，G=244，B=246)；制作圆角矩形按钮，高度为 0.53 厘米、宽度为 3.01 厘米，填充颜色为白色，拖动黄色菱形控制柄调整矩形圆角的形状；输入文本"产品亮点>"，字符格式为楷体、13 磅、黑色，其中">"为红色。

将以上图形及文字放到合适位置并组合，效果如图 8-20 所示。

图 8-20　产品亮点

步骤 3：再复制三个组合后的图形，然后按照效果图更改相应的文字。

步骤 4：在四个组合图形中分别插入图片素材，C30.png、风骏 5.png、哈弗 H6.png、哈弗 H2.png，设置图片大小后放到合适的位置，效果如图 8-21 所示。

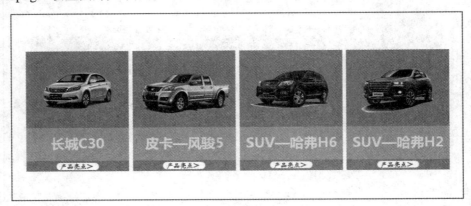

图 8-21　典型车型

步骤 5：插入图片素材地球.png，将其放到第一个矩形的后面，环绕方式为置于矩形的下一层。设置动画效果为"陀螺旋"，与上一动画同时，持续时间为 59.00。

步骤 6：添加文本框，输入文字"经典车型"、"Classic"并设置合适的字体、字号(本例中"经典车型"字符格式为微软雅黑，24 磅，加粗，"Classic"字符格式为 Calibri，20 磅，加粗)。

5. 制作第五张幻灯片

制作的第五张幻灯片效果如图 8-22 所示。

图 8-22　第五张幻灯片

步骤 1：新建第五张幻灯片，应用版式为"2_自定义版式"。

步骤 2：插入 C30 车型素材图片，C30-1.jpg、C30-2.jpg、C30-3.jpg、C30-4.jpg。将四张图片的大小均设置高度为 8.49 厘米、宽度为 15.08 厘米。

步骤 3：绘制矩形，高度为 8.49 厘米、宽度为 15.08 厘米，无填充色，轮廓线粗细为 6 磅，白色，添加阴影效果，正好将图片框住。

步骤 4：插入四个文本框，打开素材文件，将文字粘贴到文本框中。标题设置为微软雅黑、18 磅、加粗、黑色，1.5 倍行距，段后距为 12 磅；正文设置为微软雅黑、12 磅、黑色，1.5 倍行距，效果如图 8-23 所示。

图 8-23　四张图、四段文字

步骤 5：设置图片、文字切换的动画效果。

选择第一张图片，添加"退出—擦除"动画，计时设置为与上一动画同时，持续时间为 01.00，延迟为 00.00，效果选项为自右侧；选择第二张图片，添加"进入—擦除"动画，计时设置为与上一动画同时，持续时间为 01.00，延迟为 00.00，效果选项为自右侧；选择第一段文字，添加"退出—消失"动画，计时设置：与上一动画同时，延迟为 00.00；选择第二段文字，添加"进入—出现"动画，计时设置为与上一动画同时，延迟为 00.00。

选择第二张图片，添加"退出—擦除"动画，上一动画之后，持续时间为 01.00，延迟为 01.00，效果选项为自右侧；选择第三张图片，添加"进入—擦除"动画，与上一动画同时，持续时间为 01.00，延迟为 01.00，效果选项为自右侧；选择第二段文字，添加"退出—消失"动画，与上一动画同时，延迟为 01.00；选择第三段文字，添加"进入—出现"动画，与上一动画同时，延迟为 01.00。

选择第三张图片，添加"退出—擦除"动画，上一动画之后，持续时间为 01.00，延迟为 01.00，效果选项为自右侧；选择第四张图片，添加"进入—擦除"动画，与上一动画同时，持续时间为 01.00，延迟为 01.00，效果选项自右侧；选择第三段文字，添加"退出—消失"动画，与上一动画同时，延迟为 01.00；选择第四段文字，添加"进入—出现"动画，与上一动画同时，延迟为 01.00。动画设置如图 8-24 所示。

图 8-24　动画设置效果

※重点提示

① 复制动画：如果需要为其他对象设置相同的动画效果，可以在设置了一个对象的动画之后使用"动画刷"来复制动画。

② 删除动画：选择要删除动画的对象，在"动画"组中单击快翻按钮，然后从中选择"无"选项。

③ 更改动画：选择要更改动画的对象，在"动画"组中单击快翻按钮，然后从中选择不同的动画即可。

④ 给多个对象设置动画：最好在设置动画前利用选择窗格给对象重命名，这样设置动画时一目了然。

步骤 6： 按住 Ctrl 键将四张图像和矩形框同时选中，将其左右居中对齐、上下居中对齐；用同样的方法将文字重叠在一起，效果如图 8-25 所示。

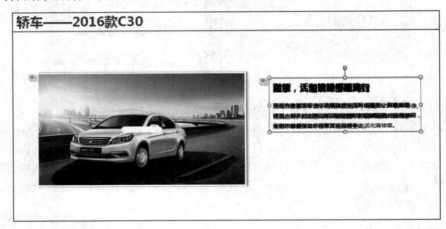

图 8-25　设置图片与文字的重合效果

步骤 7： 制作幻灯片的其余部分，效果如图 8-26 所示。

图 8-26　幻灯片其余部分

6. 制作第六张幻灯片

制作的第六张幻灯片效果如图 8-27 所示。

图 8-27　第六张幻灯片

步骤 1： 新建第六张幻灯片，应用版式为"2_自定义版式"。

步骤 2： 插入图片素材，风骏 5.png，调整大小后将其放到合适的位置。

步骤 3： 绘制白色圆形，并添加红色数码字 1，效果如图 8-28 所示。

图 8-28　白色圆形 1

步骤 4： 设置动画触发器，制作单击圆形按钮弹出图片的动画效果。插入图片素材风骏 5 车型图片 f1.png，给图片添加"进入—出现"动画，单击"触发"按钮，设置单击白色圆形 1 时图片 f1.png 出现，如图 8-29 所示。

 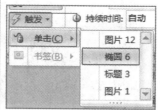

图 8-29　触发器的设置

步骤 5： 绘制白色圆形，添加红色数码字 2，选择图 f1.png，添加"退出—淡出"动画，单击"触发"按钮，设置单击白色圆形 2 时，图 f1.png 消失；插入风骏 5 车型素材图片 f2.png，为图片添加"进入—出现"动画，计时设置"与上一动画同时"，动画效果为单击圆形按钮 2 时，图 f1.png 消失，图 f2.png 出现。

步骤 6： 用同样的方法制作圆形按钮 3、4、5 的动画，用到的图片分别为 f3.png、f4.png、f5.png。

在动画窗格根据样例设置并调整图片的动画及顺序，如图 8-30 所示。

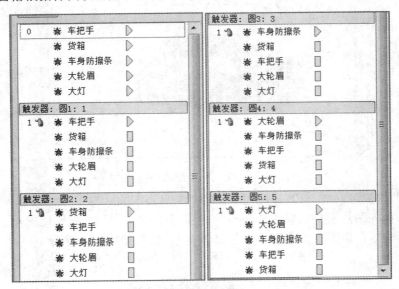

图 8-30　动画设置

步骤 7：制作幻灯片的其余部分。

7. 制作第七张幻灯片

制作的第七张幻灯片效果如图 8-31 所示。

图 8-31　第七张幻灯片

步骤 1：新建第七张幻灯片，应用版式为"2_自定义版式"。

步骤 2：插入图片素材，门底图.jpg，调整大小后将其放到合适的位置。

步骤 3：绘制黑色矩形，设置高度为 10.07 厘米、宽度为 6.9 厘米，填充颜色为黑色，放到合适位置，如图 8-32 所示。

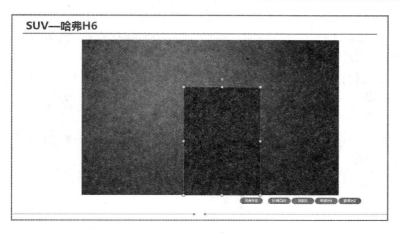

图 8-32 绘制黑色矩形

步骤 4：插入素材图片门框.png、门.png、门 1.png、门 2.png、门 3.png，如图 8-33 所示。

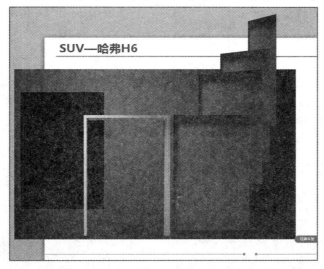

图 8-33 插入 5 张素材图片

步骤 5：制作门打开的动画。

选择门.png，添加"消失"动画，计时设置为上一动画之后，持续时间为 00.25；

选择门 1.png，添加"出现"动画，计时设置为与上一动画同时，持续时间为 00.25；同时添加"消失"动画，计时设置为上一动画之后，持续时间为 00.25；

选择门 2.png，添加"出现"动画，计时设置为与上一动画同时，持续时间为 00.25；同时添加"消失"动画，计时设置：上一动画之后，持续时间为 00.25；

选择门 3.png，添加"出现"动画，计时设置为与上一动画同时，持续时间为 00.25；同时添加"消失"动画，计时设置为与上一动画同时，持续时间为 00.50，延迟为 00.50。

步骤 6：选择门框，添加"消失"动画，计时设置为与上一动画同时，持续时间为 00.50，延迟为 00.50。

步骤 7：选择绿色门底图，添加"消失"动画，计时设置为上一动画之后；选择黑色矩形，添加"消失"动画，计时设置为与上一动画同时。

步骤 8：将门框、门、门 1、门 2、门 3、黑色矩形调整叠放次序和位置，将其放到绿色门底图的合适位置，参考效果图 8-31。

步骤 9：插入素材中的视频文件，并设置影片效果。设置视频样式为"监视器，灰色"。

设置视频的动画：添加"进入—淡出"动画，计时设置为上一动画之后，持续时间为 00.50，延迟为 00.25；添加"播放"动画，计时设置为上一动画之后；在动画窗格中设置视频的触发器动作为上一动画之后，如图 8-34 所示。设置完成后将视频放到底图下面。

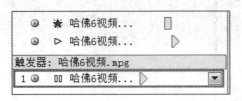

图 8-34　视频的动画设置

步骤 10：制作幻灯片其余部分。

※重点提示

① 设置影片格式。在"视频工具格式"选项卡，可对视频大小、位置、样式进行设置。
② 编辑视频。在"视频工具播放"选项卡，可对视频文件进行编辑，如可设置视频的开始、结束时间，设置视频的淡入淡出时间，设置影片播放选项等。

8. 制作第八张幻灯片

制作的第八张幻灯片效果如图 8-35 所示。

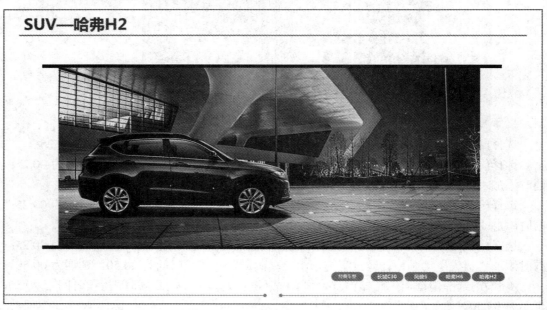

图 8-35　第八张幻灯片

步骤 1：新建第八张幻灯片，应用版式为"2_自定义版式"。

步骤 2：绘制上下两条宽度为 28.94 厘米、6 磅粗的黑色线条。

设置两条黑色线条的动画。

选择上面黑色线条，添加"擦除"动画，效果选项为"自左侧"，计时设置为与上一动画同时，持续时间为 00.50；

选择下面黑色线条，添加"擦除"动画，效果选择为"自右侧"，计时设置为与上一动画同时，持续时间为 00.50。

步骤 3：插入哈弗 H2 车型素材图片，哈弗 H2-1.jpg、哈弗 H2-2.jpg、哈弗 H2-3.jpg、哈弗 H2-4.jpg，设置图片的切换动画，操作方法前面已经讲述过，这里不再赘述。

9. 制作第九张幻灯片

制作的第九张幻灯片效果如图 8-36 所示。

图 8-36 第九张幻灯片——宣传片片尾

步骤 1：复制第一张幻灯片，删除多余部分。

步骤 2：插入素材图片"汽车动画.gif"动图。

步骤 3：利用文本框输入文字"谢谢观赏"，并设置其格式为微软雅黑，60 磅，加粗，有阴影、颜色为(R=229，G=245，B=247)，将文字放到合适位置。

步骤 4：制作动画效果。

选择动图"汽车动画.gif"，添加"出现"动画，计时设置为与上一动画同时，持续时间为 00.01，延迟为 00.50；

选择蓝底矩形，添加"擦除"动画，效果选择为"自底部"，计时设置为上一动画之后，持续时间为 00.50，延迟为 01.00；

选择文字，添加"浮入"动画，效果选择为"上浮"，计时设置为上一动画之后，持续时间为 01.00，延迟为 00.00。

10. 创建超级链接

步骤 1：在第 4 张幻灯片，选择第一个"产品亮点>"按钮，在"插入"选项卡"链接"组，单击"超链接"按钮，打开"插入超链接"对话框。

步骤 2：在左侧"链接到"列表中选择"本文档中的位置"，在"请选择文档中的位置"列表中选择第 5 张幻灯片，如图 8-37 所示，单击"确定"按钮。在放映幻灯片时，当鼠标单击第一个"产品亮点>"按钮时，会跳转到第 5 张幻灯片。

步骤 3：设置其他"产品亮点>"按钮的超链接，将其分别链接到第 6～8 张幻灯片。

图 8-37　插入超链接

步骤 4：在第 5～8 张幻灯片中，将按钮"经典车型"超级链接到第 4 张幻灯片、将按钮"长城 C30"超级链接到第 5 张幻灯片、将按钮"风骏 5"超级链接到第 6 张幻灯片、将按钮"哈弗 H6"超级链接到第 7 张幻灯片、将按钮"哈弗 H2"超级链接到第 8 张幻灯片。

任务 2　设置幻灯片切换效果

任务描述

幻灯片的切换效果是指两张连续的幻灯片之间的过渡效果，也就是从上一张幻灯片转到下一张幻灯片时所展现的动画。

任务要点

➢ 设置幻灯片的切换动画效果。
➢ 设置切换动画的效果选项和计时选项。

任务实施

步骤 1：设置第一张幻灯片到第二张幻灯片的切换动画。选择第二张幻灯片，在"切换"选项卡，单击"切换到此幻灯片"组中的"其他" 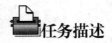 按钮，在展开的列表中选择"涡流"动画，如图 8-38 所示。

图 8-38 幻灯片切换效果设置

步骤 2：预览切换动画效果。在上一步操作之后，单击"切换"选项卡"预览"组中的"预览"按钮可以立即在幻灯片窗格中看到幻灯片的切换效果，如图 8-39 所示。

图 8-39 幻灯片切换效果预览

步骤 3：设置幻灯片切换动画的效果选项。在"效果选项"列表设置"自右侧"，如图 8-40 所示。

图 8-40 切换动画的效果选项

步骤 4：设置幻灯片切换动画的计时选项。在"计时"组中将持续时间改为 02.00，如图 8-41 所示。此外，还可以设置声音、换片方式、是否所有幻灯片全部应用。

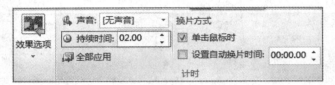

图 8-41　切换动画的计时选项

步骤 5：设置其他幻灯片的切换动画。

任务 3　幻灯片的放映与发布

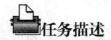**任务描述**

演示文稿完成后，可根据需要设置其放映方式，也可以将演示文稿保存为网页，直接发布到网上。

任务要点

- ➢　设置幻灯片放映方式。
- ➢　设置排练计时。
- ➢　打包演示文稿。
- ➢　将演示文稿创建为视频。

任务实施

1. 幻灯片放映

在"幻灯片放映"选项卡，单击"设置"组中的"设置幻灯片放映"按钮，在打开的对话框中可设置演讲者放映、观众自行浏览、在展台浏览等，如图 8-42 所示。

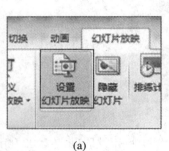

(a)　　　　　　　　　　　　　　　　(b)

图 8-42　设置幻灯片放映

2. 隐藏幻灯片

选择需要隐藏的幻灯片，在"幻灯片放映"选项卡中，单击"设置"组的"隐藏幻灯片"按钮，则在幻灯片放映时可跳过隐藏的幻灯片。

3. 自定义放映

在"幻灯片放映"选项卡中，单击"开始放映幻灯片"组的"自定义幻灯片放映"按钮，在展开的列表中选择"自定义放映"项，在打开的对话框中可根据不同的需要，更改幻灯片播放顺序或只将部分幻灯片组成一个放映集。

4. 开始放映幻灯片

在"幻灯片放映"选项卡的"开始放映幻灯片"组中介绍了四种放映方式：从头开始放映、从当前幻灯片开始放映、广播幻灯片和自定义幻灯片放映。

5. 设置排练计时

在"幻灯片放映"选项卡的"设置"组中单击"排练计时"按钮，即可开始自动记录第一张幻灯片播放时间，如图 8-43 所示。

图 8-43　录制窗口

录制完成后，单击鼠标即可开始录制第二张幻灯片的排练计时。录制过程中单击"暂停"按钮，可暂停计时，全部录制完成后保存计时即可。

6. 演示文稿的其他类型

执行"另存为"命令，可将演示文稿直接保存为网页、视频、发布为 PDF 文件等，如图 8-44 所示。

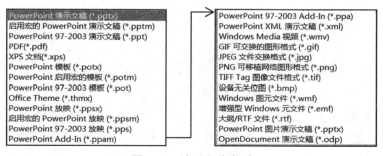

图 8-44　演示文稿类型

7. 打包演示文稿

打包，是指将一个或多个演示文稿连同支持文件，集成在一起，生成一种独立于运行环境的文件。将演示文稿打包能解决运行环境的限制和文件损坏或无法调用等不可预料的问题，打包文件能在没有安装 PowerPoint 的环境下运行。

打包成 CD。

(1) 打开要打包的演示文稿，在"文件"列表中单击"保存并发送"命令，在右侧列表中选择"将演示文稿打包成 CD"选项，然后单击"打包成 CD"按钮，如图 8-45 所示。

图 8-45　幻灯片打包

(2) 在打开的"打包成 CD"对话框中，可以选择添加更多的 PPT 文档一起打包，也可以删除不要打包的 PPT 文档。最后单击"复制到文件夹"按钮，如图 8-46 所示。

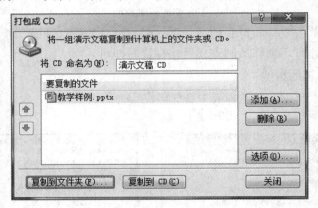

图 8-46　幻灯片打包窗口

(3) 打开"复制到文件夹"对话框，选择打包文件的存放位置并输入文件夹名称，也可以保存默认不变，系统默认有在"完成后打开文件夹"的功能，不需要时可以取消掉该选项，如图 8-47 所示。

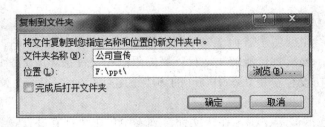

图 8-47　幻灯片放映

（4）单击"确定"按钮后，系统会自动运行打包复制到文件夹程序。在完成之后自动弹出打包好的 PPT 文件夹，其中可看到一个名为 autorun.inf 的自动运行文件。如果是打包到 CD 光盘的话，其具备自动播放功能。

8. 将演示文稿创建为视频

（1）打开要创建为视频的演示文稿文件，在"文件"列表中单击"保存并发送"，然后在右侧展开的列表中单击"创建视频"选项，在右侧展开的列表中可设置"放映每张幻灯片的秒数"及使用录制的计时和旁白等，最后单击"创建视频"按钮，如图 8-48 所示。

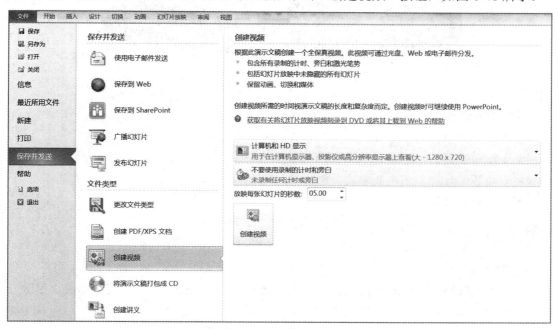

图 8-48　将演示文稿创建视频

（2）在打开的"另存为"对话框中选择视频文件保存的位置及文件名，单击"保存"按钮，则在指定位置创建一个指定文件名的视频文件。

拓展任务 1　制作电子相册

**任务描述**

生活中，有许多朋友都喜欢摄影，拍出的照片都会放到电脑里以留作纪念。今天我们就来介绍一下如何将这些照片制作成电子相册。

**作品展示**

本拓展任务制作的电子相册效果如图 8-49 所示。

图 8-49　电子相册效果图

任务要点

➢　插入相册。

➢　应用主题。

➢　设置幻灯片的切换效果。

➢　设置幻灯片的放映方式。

任务实施

1. 插入相册

(1) 启动 Powerpoint 2010 应用程序，在"插入"选项卡的"图像"组中单击"相册"按钮，打开"相册"对话框，如图 8-50 所示。

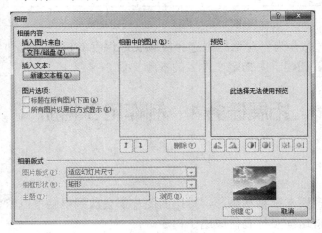

图 8-50　新建"相册"对话框

(2) 单击"文件磁盘"按钮，在打开的对话框中选择需要制作成电子相册的所有照片，如图 8-51 所示。单击"插入"按钮，返回"相册"对话框。

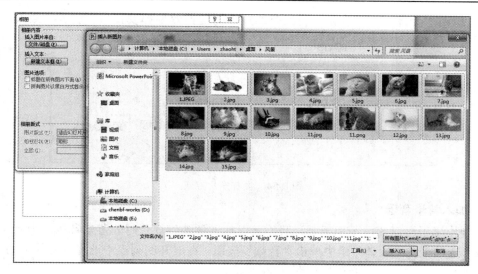

图 8-51　选择照片文件

(3) 在"相册版式—主题"列表中选择 Dragon.thmx 主题，如图 8-52 所示，并单击"打开"和"创建"按钮创建相册。

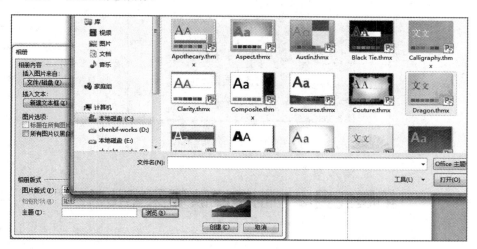

图 8-52　选择主题

2. 设置幻灯片切换效果

(1) 在"切换"选项卡，设置幻灯片切换效果为"涟漪"，如图 8-53 所示。

图 8-53　幻灯片的切换效果

(2) 单击"全部应用"按钮，将所有幻灯片的切换效果都设置为"涟漪"效果，并将换片方式设置为自动换片，如图 8-54 所示。

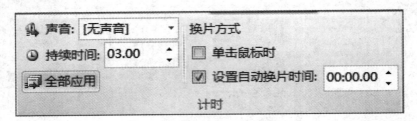

图 8-54　设置换片方式

3. 加入背景音乐

在制作属于自己的电子相册时，我们可以加入放映幻灯片时的背景音乐，为此，可在"插入"选项卡的"媒体"组中单击"音频"按钮，在展开的列表中选择"文件中的音频"项来添加自己喜欢的背景音乐，如图 8-55 所示。

图 8-55　插入音频文件

拓展任务 2　制作低碳环保宣传片

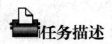任务描述

阳春三月，草长莺飞。乡下郊外一片片金黄的油菜花勾引着热爱大自然的我们，心驰神往。然而昔日阳光不再和煦，春风不再温柔，雾霾锁国的焦虑再一次痛击着国人的神经。面对越来越严重的雾霾，为了给地球留下碧水蓝天，给子孙后代一个净爽舒适的家园，在日常我们能做些什么力所能及的事儿呢？

作品展示

本拓展任务制作的低碳环保宣传片效果如图 8-56 所示。

第一张幻灯片

第二张幻灯片

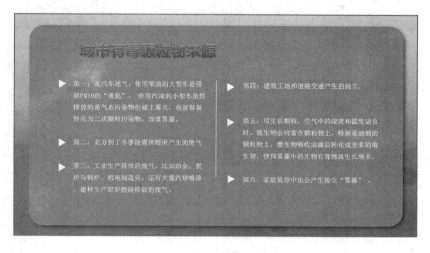

第三张幻灯片

预防措施

◆ 雾霾天气少开窗，出门在外一定要戴口罩，平常多饮水，可多泡饮菊花茶这类中医茶饮，预防疾病，多食瓜水果，从外回家后要深度清洁皮肤和头发，此外喜爱晨练以及买菜遛弯的老年人要注意减少出门，因为雾霾对老年人的身体危害极大。
◆ 外出戴口罩
◆ 多喝茶
◆ 适量补充维生素D
◆ 饮食清淡多喝水
◆ 多吃蔬菜
◆ 在雾霾天气尽量减少出门
◆ 开车注意车速
◆ 出门时，做个自我防护，佩戴专门防霾的PM2.5口罩、防霾鼻塞，过滤PM2.5，随时随地呼吸新鲜空气。
◆ 避免雾天锻炼，可以改在太阳出来后再锻炼，也可以改为室内锻炼。
◆ 患者坚持服药，哮喘病患者和心脑血管病患者在雾天更要坚持按时服药
◆ 别把窗子关得太严，可以选择中午阳光较充足、污染物较少的时候短时间开窗换气。
◆ 尽量远离高速路，上下班高峰期和晚上大型汽车进入市区这些时间段，污染物浓度最高。
◆ 补钙、补维D，多吃豆腐、雪梨等

第四张幻灯片

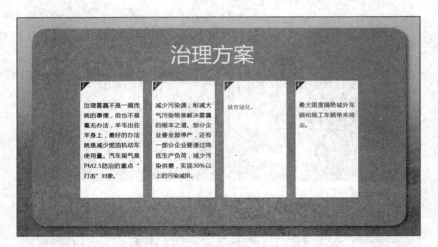

第五张幻灯片

N95型口罩：	N95型口罩，是NIOSH（美国国家职业安全卫生研究所）认证的9种防颗粒物口罩中的一种。"N"的意思是不适合油性的颗粒（炒菜产生的油烟就是油性颗粒物，而人说话或咳嗽产生的飞沫不是油性的）；"95"是指，在NIOSH标准规定的检测条件下，过滤效率达到95%。N95不是特定的产品名称。只要符合N95标准，并且通过NIOSH审查的产品就可以称为"N95型口罩"。
KN90口罩：	防尘口罩按性能分为KN和KP两类，KN类只适用于过滤非油性颗粒物，KP类适用于过滤油性和非油性颗粒物。主要适用于有色金属加工、冶金、钢铁、炼焦、煤气、有机化工、食品加工、建筑、装饰、石化及沥青等产生的0.185微米以上的粉尘、烟、雾等油性及非油性颗粒物污染的行业。对于以0.075微米为基准值的非油性颗粒物过滤率超过90%。
防毒面具：	防毒面具作为个人防护器材，用于对人员的呼吸器官，眼睛及面部皮肤提供有效防护，防止毒气、粉尘、细菌等有毒物质伤害的个人防护器材。防毒面具广泛应用于石油、化工、矿山、冶金、军事、消防、抢险救灾、卫生防疫和科技环保等领域。
空气净化器：	空气净化器又称"空气清洁器"、空气清新机，是指能够吸附、分解或转化各种空气污染物（一般包括粉尘、花粉、异味、甲醛之类的装修污染、细菌、过敏原等），有效提高空气清洁度的产品，以清除室内空气污染的家用和商用空气净化器为主。
PM2.5空气质量检测仪：	在连续监测粉尘浓度的同时，可收集到颗粒物，以便对其成份进行分析，并求出质量浓度转换系数K值。可直读粉尘质量浓度（mg/m），对可吸入尘PM2.5进行监测。

第六张幻灯片

第七张幻灯片

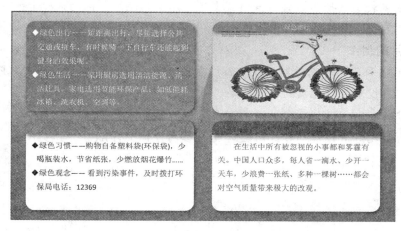

第八张幻灯片

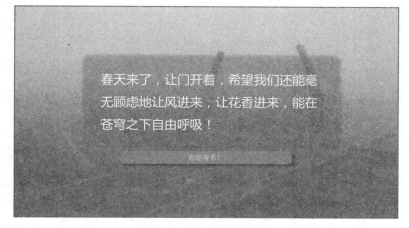

第九张幻灯片

图8-56　低碳环保宣传片(九张幻灯片)效果图

任务要点

➢ 设置幻灯片主题。

➢ 形状的绘制与格式化。

➢ 设置幻灯片的切换动画。

任务实施

1. 主题的设置

(1) 打开本书配套素材"我们的城市.pptx"。

(2) 在幻灯片母版中设置主题背景。进入"幻灯片母版"视图,单击"背景样式"按钮,在展开的列表中选择"设置背景格式"项,用素材图片"巨力大桥.jpg"填充背景,设置其透明度为 39%,然后关闭母版视图。

2. 幻灯片的制作

参照图 8-56 样例,结合绘制形状、添加文本、插入图像等方法,制作"我们的城市"环保宣传片,并设置部分元素的动画效果。

3. 幻灯片切换

为制作好的幻灯片设置幻灯片切换效果(可参考样例文件)。